짧고 쉽게 쓴 '시간의 역사'

짧고 쉽게 쓴
'시간의 역사'

스티븐 호킹
레오나르드 믈로디노프
전대호 옮김

까치

A BRIEFER HISTORY OF TIME

by Stephen Hawking and Leonard Mlodinow

Copyright © 2005 by Stephen Hawking
Original art copyright 2005 © The Book Laboratory Inc.
Image of Professor Stephen Hawking—Pages 38, 56, and 135 © Stewart Cohen
Cover Art—The Book Laboratory Inc. and Moonrunner Design
Acknowledgements—Books Illustrations—The Book Laboratory Inc., James Zhang, and Kees Veenenbos
Image of Marilyn Monroe—The Estate of Andre de Dienes/Ms. Shirley de Dienes licensed by One West Publishing, Beverly Hills, Ca. 90212
All rights reserved.
This Korean edition was published by Kachi Publishing Co., Ltd. in 2006 by arrangement with Spacetime Publications Ltd. c/o Writers House LLC, New York through KCC(Korea Copyright Center Inc.), Seoul.

이 책은 (주)한국저작권센터(KCC)를 통한 저작권자와의 독점계약으로 (주)까치글방에서 출간되었습니다. 저작권법에 의해 한국 내에서 보호를 받는 저작물이므로 무단전재와 복제를 금합니다.

역자 **전대호**(全大虎)
서울대학교 물리학과 졸업. 같은 대학교 철학과 대학원 석사. 독일 쾰른에서 철학 수학. 서울대학교 철학과 박사과정 수료. 1993년 조선일보 신춘문예 시 당선. 시집으로 『가끔 중세를 꿈꾼다』, 『성찰』이 있고, 번역서로 『수학의 언어』, 『유클리드의 창』, 『과학의 시대』 등이 있다.

짧고 쉽게 쓴 '시간의 역사'

저자 / 스티븐 호킹, 레오나르드 믈로디노프
역자 / 전대호
발행처 / 까치글방
발행인 / 박후영
주소 / 서울시 용산구 서빙고로 67, 파크타워 103동 1003호
전화 / 02 · 735 · 8998, 736 · 7768
팩시밀리 / 02 · 723 · 4591
홈페이지 / www.kachibooks.co.kr
전자우편 / kachibooks@gmail.com
등록번호 / 1-528
등록일 / 1977. 8. 5
초판 1쇄 발행일 / 2006. 3. 20
　　12쇄 발행일 / 2018. 11. 22

값 / 뒤표지에 쓰여 있음

ISBN 89-7291-405-3　03400

차례

감사의 글   7
서문   9

제1장 __ 우주에 대한 생각   13
제2장 __ 우주상의 진화   17
제3장 __ 과학 이론의 본질   27
제4장 __ 뉴턴의 우주   35
제5장 __ 상대성이론   45
제6장 __ 휘어진 공간   61
제7장 __ 팽창하는 우주   77
제8장 __ 빅뱅, 블랙홀, 우주의 진화   101
제9장 __ 양자중력이론   125
제10장 __ 웜홀과 시간여행   149
제11장 __ 자연계의 힘들과 물리학의 통일이론   167
제12장 __ 결론   197

알베르트 아인슈타인   205
갈릴레오 갈릴레이   208
아이작 뉴턴   211

용어 설명   215
역자 후기   221
인명 색인   223

감사의 글

원고를 다듬는 과정에서 풍부한 경험과 재능으로 우리를 도운 밴텀 출판사의 편집자 앤 해리스에게 감사한다. 한없는 노력과 인내력을 발휘한 밴텀 출판사의 아트 디렉터 글렌 에델스틴에게 감사한다. 시간을 내어 물리학을 배운 후 과학적 내용을 손상시키지 않으면서도 책을 멋진 그림들로 꾸며준 미술 팀의 필립 던, 제임스 장, 키스 비넨보스에게 감사한다. 우리의 대리인으로서 지혜와 배려와 지원을 아끼지 않은 라이터스 하우스의 알 주커만과 수전 긴스버그에게 감사한다. 교정을 본 모니카 가이에게 감사한다. 또한 다양한 원고들을 읽고 표현을 명료하게 개선하는 데 도움을 준 다음 분들에게 감사한다. 도나 스코트, 알렉세이 플로디노프, 니콜라이 플로디노프, 마크 힐러리, 조슈아 웹만, 스티븐 유라, 로버트 바코비츠, 마사 로우터, 캐서린 볼, 아만다 버겐, 제프리 보머, 킴벌리 코머, 피터 쿡, 매튜 디킨슨, 드루 도노바닉, 데이비드 흐랄링어, 엘리노어 그루얼, 앨리샤 킹스턴, 빅터 레이먼드, 마이클 멜턴, 마이클 멀헌, 매튜 리처즈, 미첼 로즈, 사라 슈미트, 크리스틴 웹, 그리고 크리스토퍼 라이트가 그들이다.

서문

 이 책의 제목 *A Briefer History of Time*은 1988년에 처음 출간된 책의 제목 *A Brief History of Time*(『시간의 역사』)과 약간만 다르다. 『시간의 역사』는 런던 선데이 타임즈 베스트셀러 목록에 237주일 동안 올랐으며, 지구 위의 남성과 여성과 아동 750명 중 한 명이 구입했다. 현대 물리학의 가장 어려운 주제들을 다루는 책으로서 그것은 대단한 성공이었다. 그러나 그 어려운 주제들은 다음과 같은 거대하고 기초적인 질문을 다루는 가장 흥미로운 주제들이기도 하다. 우리가 우주에 관해서 정말로 아는 것은 무엇인가? 우리는 그것을 어떻게 아는가? 우주는 어디에서 와서 어디로 가고 있는가? 이 질문들은 『시간의 역사』의 핵심이며 이 책 『짧고 쉽게 쓴 '시간의 역사'』의 초점이기도 하다.

 『시간의 역사』 출간 이후 다양한 나이와 직업과 거주지를 가진 독자들로부터 반응이 왔다. 반복된 요구들 중 하나는 『시간의 역사』의 핵심을 그대로 유지하면서도 가장 중요한 개념들을 더 명확하고 쉽게 설명하는 새로운 책을 써달라는 것이었다. 새 책의 제목은 *A Less Brief History of Time*가 되는 것이 적당할 것이라고 생각할 수도 있겠지만, 다른 한편 대학 수준의 우주과학

강의에 어울리는 방대한 학술서를 원하는 독자는 극소수라는 것을 독자들의 반응에서 명백히 알 수 있었다.

그래서 우리는 새 책 『짧고 쉽게 쓴 '시간의 역사'』를 쓰면서 『시간의 역사』의 핵심적인 내용을 유지하고 보충했으며, 나아가서 책의 길이와 난이도를 고려했다. 이 책은 정말로 원래의 책보다 더 간략하다. 일부 전문적인 내용은 삭제되었다. 그러나 우리는 이 책이 원래의 책의 핵심을 더 깊고 면밀하게 다루었다는 점에서 전문적인 내용의 삭제로 인한 결함을 보충하고도 남음이 있다고 믿는다.

우리는 또한 새로운 정보를 추가하고 새로운 이론적 관찰적 결과들을 삽입할 수 있었다. 『짧고 쉽게 쓴 '시간의 역사'』는 물리학이 다루는 모든 힘들에 관한 완전한 통일이론을 찾는 과정에서 이루어진 최근의 진보를 기술한다. 특히 이 책은 끈이론의 발전, 그리고 외견상 다른 물리학 이론들 사이의 "이중성" 혹은 상응성을 다룬다. 상응성은 통일된 물리학 이론의 존재를 시사한다. 관찰의 측면에서는 우주 배경 탐사 위성(宇宙背景探査衛星, COBE)과 허블 우주 망원경에 의한 것들을 비롯한 중요한 새로운 관찰들이 이 책에 포함되었다.

약 40년 전에 리처드 파인먼은 이렇게 말했다. "여전히 발견들이 이루어지고 있는 시대에 사는 우리는 행운아이다. 우리의 발견들은 아메리카의 발견과 비슷한 것으로서 오직 한 번만 발견할 수 있다. 우리가 사는 시대는 자연의 근본 법칙에 대한 발견이 이루어지고 있는 시대이다." 오늘날 우리는 우주의 본질에 대한 이해에 과거 어느 때보다 더 가깝게 접근했다. 이 책을 쓰는 우리의 목표는 그 발견들이 안겨준 희열과 그 결과로 탄생한 새로운 진실의 모습을 전달하고 공유하는 것이다.

제1장
우주에 대한 생각

우리는 기묘하고 놀라운 우주 속에서 살고 있다. 우주의 나이와 크기와 격동, 그리고 아름다움을 이해하기 위해서는 특별한 상상력이 필요하다. 이 광활한 우주 속에서 인간이 차지하는 자리는 매우 초라해 보일지도 모른다. 그러나 우리는 우주를 이해하고 우리가 우주에 어떻게 어울리는지 알려고 노력한다. 몇십 년 전 한 유명한 과학자(어떤 이들은 그가 버트런드 러셀이었다고 한다)가 천문학에 관한 대중 강연을 했다. 그는 지구가 태양의 주위를 돌고, 태양은 거대한 별들의 모임인 이른바 우리 은하계의 중심의 주위를 돈다고 말했다. 강의가 끝나자 뒷좌석에 앉아 있던 키 작은 할머니가 일어나서 다음과 같이 말했다. "당신의 이야기는 말도 안 돼요. 세계는 거대한 거북의 등 위에 얹혀 있는 평평한 판이라구요." 그 과학자는 여유 있게 미소지으며 이렇게 대답했다. "그 거북은 무엇의 위에 서 있지요?" 그러자 할머니는 "똑똑하군요, 젊은이, 아주 똑똑해"라고 비아냥 거린 후 이렇게 대답했다. "그 아래로는 그렇게 끝없이 거북들이 있지요."

오늘날 대부분의 사람들은 우리의 우주가 거북들이 무한히 쌓여 있는 탑이라고 생각하는 것을 우스꽝스럽게 여길 것이다. 그러나 우리가 그보다 더 잘 알고 있다고 자부할 수 있을까? 잠깐 동안 우리가 우주에 대해서 아는 것 — 혹은 안다고 생각하는 것 — 을 잊어보자. 그리고 밤하늘을 바라보라. 우리는 저 모든 빛나는 점들을 무엇이라고 생각하는가? 그것들은 작은 불일까? 그것들이 실제로 무엇인지 상상하기는 쉽지 않다. 왜냐하면 그것들의 실상은 우리의 일상적인 경험을 훨씬 뛰어넘기 때문이다. 만일 당신이 가끔 별을 바라보는 사람이라면, 당신은 아마도 여명에 수평선 근처에서 움직이는 희미한 빛을 본 적이 있을 것이다. 그것은 수성이라는 행성이다. 그러나 수성은 우리가 사는 행성, 즉 지구와는 전혀 다르다. 수성에서 하루는 지구에서 1년의 2/3이다. 수성의 표면 온도는 태양이 비춰면 섭씨 400도 이상으로 치솟고, 캄캄한 밤에는 거의 −200도까지 떨어진다. 그러나 수성이 우리의 행성과 다르다고 하더라도, 1초에 수십억 킬로그램의 물질을 태우는 용광로이고 중심 온도가 수천만 도에 이르는 전형적인 항성보다는 상상하기가 쉬울 것이다.

또 하나 상상하기 어려운 것은 행성들과 항성들까지의 거리이다. 고대 중국인들은 별들을 더 가까이에서 바라보기 위하여 석탑을 쌓았다. 항성과 행성이 실제보다 훨씬 가깝다고 생각하는 것은 자연스러운 일이다 —— 일상에서 우리는 그렇게 엄청난 거리를 경험하지 못하니 말이다. 그 거리는 우리가 대부분의 거리를 잴 때에 사용하는 미터나 킬로미터로 측정하는 것이 무의미할 정도로 멀다. 그 대신 우리는 빛이 1년 동안 움직이는 거리인 광년(光年, light-year)을 단위로 쓴다. 광선은 1초 동안 30만 킬로미터를 움직인다. 따라서 1광년은 엄청나게 먼 거리이다. 태양을 제외하고 우리에게 가장 가까운 항성은 켄타우로스 좌(座) 프록시마 성(星)이라고 하는데(알파 켄타우리 C라고도 한다), 약 4광년 떨어진 곳에 있다. 그것은 매우 먼 곳이어서 오늘날 운행되는 가장 빠른 우주선으로 여행하더라도 약 1만 년이 걸릴 것이다.

고대인들은 우주를 이해하려고 열심히 노력했지만, 우리가 가진 수학과 과학을 개발하지는 못했다. 오늘날 우리는 강력한 도구들을 가지고 있다. 그것은 수학과 과학적 방법 같은 정신적 도구들과, 컴퓨터와 망원경 같은 기술적 도구들이다. 그 도구들의 도움으로 과학자들은 우주에 관한 많은 지식들을 얻고 체계화했다. 그러나 우리가 우주에 대해서 정말로 아는 것은 무엇이며, 우리는 그것을 어떻게 알 수 있을까? 우주는 어디에서 왔을까? 우주는 어디로 가고 있을까? 우주에 시작이 있었을까? 만일 그렇다면, 우주의 시작 이전에는 무슨 일이 있었을까? 시간의 본질은 무엇일까? 시간은 언젠가는 끝에 도달할까? 우리는 시간을 거슬러 여행할 수 있을까? 새로운 공학 따위의 도움으로 최근에 이루어진 물리학의 획기적인 발전은 이 오랜 질문들 중 일부에 대한 대답을 코 앞으로 가져왔다. 언젠가 그 대답들은 지구가 태양을 돈다는 것만큼 자명하게 여겨지게 될 것이다 —— 혹은 거북들로 이루어진 탑처럼 어리석게 여겨지게 될지도 모른다. 어떻게 될지는 오직 시간만이 말해줄 수 있다.

제2장
우주상의 진화

 크리스토퍼 콜럼버스 시대에도 사람들은 흔히 지구가 평평하다고 믿었지만(심지어 오늘날에도 그렇게 믿는 사람들이 있다), 현대적인 천문학의 뿌리는 고대 그리스까지 거슬러올라간다. 기원전 340년경 그리스 철학자 아리스토텔레스는 『천구에 관하여』라는 책을 썼다. 그 책에서 그는 지구가 평평한 판이 아니라 둥근 구(球)라는 믿음을 뒷받침하는 훌륭한 논증들을 펼쳤다.
 이러한 근거의 하나는 월식(月蝕)이었다. 아리스토텔레스는 월식이 생기는 것은 지구가 태양과 달 사이에 끼어들기 때문이라는 사실을 깨달았다. 그런 일이 생기면 지구가 달에 그림자를 드리우게 됨으로써 달이 이지러지는 현상, 즉 월식이 일어난다. 아리스토텔레스는 이때에 지구의 그림자가 항상 둥글다는 사실을 놓치지 않았다. 그것은 지구가 평평한 원반이 아니라 공일 때 있을 수 있는 일이다. 만일 지구가 평평한 원반이라면, 지구의 그림자는 태양이 정확하게 원반의 중심 위에 있을 때에만 둥글 것이다. 그밖의 다른 때에는 지구의 그림자가 길게 늘어질 것이다 —— 타원이 될 것이다(타원은 길게 늘인 원이다).

그리스 인들은 지구가 둥글다는 것을 보여주는 또다른 생각을 하고 있었다. 만일 지구가 평평하다면, 수평선에서 다가오는 배는 처음에는 형태가 없는 작은 점으로 보일 것이다. 그 후 배가 더 가까이 다가오면 점차 돛이나 선체 같은 세부가 보일 것이다. 그러나 실제로는 그렇지 않다. 수평선에 배가 나타날 때 가장 먼저 보이는 것은 돛이다. 선체는 나중에 비로소 모습을 드러낸다. 선체 위로 높이 솟은 돛대가 수평선 위로 드러나는 첫 부분이라는 사실은 지구가 공 모양이라는 증거이다.

그리스 인들은 밤하늘에도 관심이 많았다. 아리스토텔레스 시대 이전에 사람들은 이미 여러 세기 동안 밤하늘의 빛들이 어떻게 움직이는지를 기록해왔다. 그들은 그들이 본 수천 개의 빛들이 거의 모두 함께 하늘을 건너가지만, (달은 별개로 하고) 다섯 개의 빛은 그렇지 않다는 것을 알았다. 그 빛들은 가끔씩 정상적인 동-서 경로를 벗어나서 거꾸로 움직였다. 사람들은 그 빛들에 행성(行星, 떠돌이별, planet)이라는 이름을 붙였다. 그것은 그리스 어로 "떠돌이(planētes)"를 뜻한다. 그리스 인들이 다섯 개의 행성만 관찰한 것은 그것들이 육안으로 볼 수 있는 행성의 전부이기 때문이었다. 수성, 금성, 화성, 목성, 그리고 토성이 그것이다. 오늘날 우리는 행성들이 왜 그렇게 특이한

수평선에서 다가오고 있는 배 배가 수평선 위로 모습을 드러낸 때에 선체 전체가 아니라 돛대가 먼저 보이는 것은 지구가 둥글기 때문이다.

운동을 하는지를 안다. 항성(恒星, 붙박이별, fixed star)이 우리의 태양계에 대해서 거의 움직이지 않는 것과 달리 행성들은 태양 주위를 돈다. 따라서 밤하늘에서 행성들의 움직임은 먼 항성들의 움직임보다 훨씬 더 복잡하다.

아리스토텔레스는 지구가 멈추어 있고, 태양과 달과 행성들과 항성들은 지구 주위를 원을 그리며 돈다고 생각했다. 그것은 그가 몇 가지 신비주의적인 이유에서 지구가 우주의 중심이고 원운동이 가장 완전한 운동이라고 믿었기 때문이다. 기원후 2세기에 역시 그리스 사람인 프톨레마이오스가 그 생각을 완전한 천체 모형으로 완성했다. 프톨레마이오스는 자신의 연구에 열정적이었다. "내가 떼지어 원을 그리며 움직이는 무수한 별들을 환희에 차서 바라볼 때, 내 발은 어느새 지구를 떠나 있었다"라고 그는 썼다.

프톨레마이오스의 우주 모형(模型, model)에서는 8개의 회전하는 구(球)들이 지구를 둘러싸고 있었다. 각각의 구는 마치 겹끼우기한(nesting) 러시아 인형처럼 그 안쪽에 있는 구보다 순차적으로 더 커진다. 지구는 그 구들의 중심에 있다. 가장 바깥에 있는 구 너머에 무엇이 있는지는 확실하게 설명하지 않았지만, 그곳은 인간이 관측할 수 있는 우주의 일부가 아니었음은 분명했다. 따라서 가장 바깥에 있는 구는 일종의 경계이자 우주를 담는 그릇이었다. 항성들은 그 구에 고정되었고, 그 구가 회전할 때면 항성들도 서로 동일한 위치를 유지하면서, 우리가 관측하는 것처럼 함께 무리를 지어 회전했다. 안쪽에 있는 구들에는 행성들이 있었다. 행성들은 항성들처럼 구에 고정되어 있지 않고, 구 위에서 주전원(周轉圓, epicycle)이라고 불리는 작은 원들을 그리며 움직였다. 행성을 포함한 구가 회전하고 행성들도 구 위에서 움직이기 때문에 지구에 상대적인 행성들의 경로는 복잡하다. 이런 방식으로 프톨레마이오스는 관측된 행성들의 궤도가 단순한 원보다 훨씬 더 복잡하다는 사실을 설명할 수 있었다.

프톨레마이오스의 우주 모형 프톨레마이오스의 모형에서는 지구는 우주의 중심에 있고, 이미 알려져 있었던 모든 천구들을 운반하는 8개의 구에 둘러싸여 있었다.

프톨레마이오스의 우주 모형에서 하늘에 있는 천체들의 위치는 꽤 정확하게 예측될 수 있었다. 그러나 그 위치들을 정확하게 예측하기 위해서 프톨레마이오스는 달이 때때로 평상시보다 두 배나 더 가까이 지구에 접근하는 궤도를 따라서 움직인다고 가정해야 했다. 그것은 달이 때때로 평소보다 두 배 더 크게 보여야 한다는 것을 의미했다! 프톨레마이오스는 이 결함을 알고 있었지만, 그럼에도 불구하고 그의 모형은 비록 보편적으로는 아니었지만 일반적으로는 수용되었다. 그의 모형은 기독교 교회에 의해서 성경과 일치하는 우주상으로 채택되었다. 왜냐하면 그 모형은 항성들의 구 바깥에 천국과 지옥을 위해서 넉넉한 공간을 남겨놓았던 큰 장점이 있었기 때문이다.

그러나 1514년에 폴란드의 성직자 코페르니쿠스가 또 하나의 모형을 제안했다(코페르니쿠스는 처음에는 교회로부터 이단자로 낙인찍히는 것을 두려워했는지 자신의 모형을 익명으로 발표했다). 코페르니쿠스는 모든 천체들이 태양 주위를 회전한다는 혁명적인 생각을 가지고 있었다. 그의 생각에 따르면, 태양은 태양계 중심에 고정되어 있고, 지구와 행성들이 태양 주위를 원궤도를 그리며 움직인다. 코페르니쿠스의 모형은 프톨레마이오스의 모형과 마찬가지로 잘 작동했지만, 관측과 완벽하게 일치하지는 않았다. 하지만 코페르니쿠스의 모형은 훨씬 더 간단했으므로, 사람들에게 환영받을 만했다. 그러나 그 모형은 거의 100년이 지나도록 진지한 관심을 끌지 못했다. 그 후 두 명의 천문학자 —— 독일인 요하네스 케플러와 이탈리아 인 갈릴레오 갈릴레이 —— 가 공개적으로 코페르니쿠스의 이론을 지지하기 시작했다.

1609년 갈릴레오는 자신이 막 발명한 망원경으로 밤하늘을 관측하기 시작했다. 목성을 관측하던 갈릴레오는 작은 위성들이 목성 주위를 도는 것을 발견했다. 그 사실은 아리스토텔레스와 프톨레마이오스가 생각한 것처럼 모든 천체가 지구를 도는 것이 아님을 의미했다. 같은 시기에 케플러는 코페르니쿠스의 이론을 발전시켜 행성들이 원이 아니라 타원을 그리며 움직인다고 주장했다. 이렇게 수정하자 이론적인 예측은 관측과 정확히 맞아떨어졌다. 이 사건들은 프톨레마이오스의 모형에게 최후의 일격을 가하는 것과도 같았다.

타원 궤도는 코페르니쿠스의 모형을 개선했지만, 적어도 케플러의 이론만 놓고 본다면 그의 타원 궤도는 잠정적인 가설에 불과했다. 그것은 케플러가 자연에 대해서 관찰에 근거를 두지 않은 선입견들을 가지고 있었기 때문이다. 아리스토텔레스와 마찬가지로 케플러도 별다른 근거 없이 타원이 원보다 덜 완벽하다고 믿었다. 행성들이 그런 불완전한 궤도를 따라서 움직인다는 것은 충격적이고 추한 일이었다. 또 한 가지 케플러를 괴롭힌 것은 타원 궤도들이 그의 생각, 즉 행성들이 자기력(磁氣力)에 의해서 태양 주위를 돈다는 그의 생각과 일치할 수 없었다는 것이다. 비록 케플러가 행성의 궤도 운동의 원인이 자기력이라고 생각한 것은 오류였다고 하더라도, 그 운동을 설명하기 위해서 힘이 있어야 함을 깨달은 것은 그의 업적으로 인정되어야 한다. 행성들이 태양을 도는 이유에 대한 참된 설명은 훨씬 나중인 1687년에 아이작 뉴턴 경에 의해서 비로소 이루어졌다. 그해에 뉴턴은 역사상 가장 중요한 물리학 책이라고 할 수 있는 『프린키피아』(원제 : 『자연철학의 수학적 원리들』 *Philosophiae Naturalis Principia Mathematica*)를 출간했다.

『프린키피아』에서 뉴턴은 모든 정지한 물체는 힘을 받지 않는 한 자연적으로 정지해 있다는 법칙을 내놓았고, 힘이 어떻게 물체를 움직일 수 있는지, 그리고 어떻게 물체의 움직임을 변화시킬 수 있는지 기술했다. 그렇다면 행성들은 왜 태양 주위의 타원 궤도를 움직일까? 뉴턴은 특정한 힘이 원인이라고 말했으며, 그 힘은 우리가 어떤 물체를 손에서 놓았을 때 그 물체를 땅에 떨어지게 만드는 힘과 동일하다고 주장했다. 그는 그 힘을 gravity, 즉 중력(重力)이라고 명명했다(뉴턴 이전에 "gravitiy"라는 말은 심각한 분위기나 무거움의 성질만을 의미했다). 그는 또한 중력 같은 힘이 물체를 끌어당길 때 물체가 어떻게 반응하는지를 수량적으로 보여주는 수학을 발견했고, 그 결과로 나온 방정식들을 풀었다. 이런 방법으로 그는 태양의 중력 때문에 —— 케플러가 예측한 그대로! —— 지구와 다른 행성들이 타원을 그리며 움직여야 한다는 것을 증명할 수 있었다. 뉴턴은 자신의 법칙들이 아래로 떨어지는 사과에서부터 행성들과 항성들에 이르기까지 우주 속의 모든 것에 적용된다고 주장했다. 그것은 사상 최초로 지상의 운동을 결정하는 법칙들을 통해서 행성들의 운동을 설명한 사건이었으며, 근대 물리학과 천문학의 시작이었다.

    프톨레마이오스의 구들(천구들)이 사라지자 더 이상 우주가 자연적인 경계(가장 바깥에 있는 구)를 가지고 있다고 가정할 이유가 없어졌다. 더 나아가서 항성들은 지구의 자전 때문에 회전하는 것 외에는 위치를 바꾸지 않는 것처럼 보였으므로, 항성들이 우리의 태양과 유사한 천체이며 다만 훨씬 더 멀리 있다고 생각하는 것이 자연스러워졌다. 우리는 지구가 우주의 중심이라는 생각뿐만이 아니라, 우리의 태양 혹은 태양계가 우주에 하나밖에 없는 특별한 존재라는 생각도 버리게 되었다. 세계관의 이러한 변화는 인류 사상의 근본적인 전환을 의미했다. 우주에 대한 근대 과학의 이해가 시작된 것이다.

제3장
과학 이론의 본질

우주의 본질에 대해서 이야기하고, 우주에 시작이나 끝이 있는지와 같은 문제를 논하기 위해서 우리는 과학 이론이란 무엇인가를 정확하게 알고 있어야 한다. 우리는 이론이 우주나 우주의 일부에 관한 모형(模型, model)이며, 그 모형 속의 양들을 우리가 얻은 관찰 결과와 관련짓는 일련의 규칙들이라는 단순한 입장을 취할 수 있다. 이론은 우리의 정신 속에서 존재하며, 그 외에 어떤 실재성(실재성이 무엇을 뜻하든 간에)도 가지고 있지 않다. 좋은 이론이란 다음의 두 가지 조건을 만족시키는 이론이다. 좋은 이론은 소수의 임의적인 요소들만을 포함하는 모형을 기반으로 하여 수많은 관찰들을 정확하게 기술해야 하며, 미래의 관찰 결과를 분명하게 예측해야 한다. 예를 들면, 아리스토텔레스는 만물이 4원소, 즉 흙, 공기, 불, 물로 이루어졌다는 엠페도클레스의 이론을 믿었다. 그것은 좋은 이론이 되기에 충분할 정도로 단순하지만, 어떤 분명한 예측도 내놓지 못했다. 반면에 뉴턴의 중력이론은 훨씬 더 단순한 모형을 기반으로 한다. 즉 모든 물체들은 이른바 질량이라는 양에 비례하고, 두 물체 사이의 거리의 제곱에 반비례하는 힘으로 서로를 끌어당긴다는 것이다. 단순하지만 뉴턴의 중력이론은 태양과 달, 그리고 행성들의 운동을 매우 정확하게 예측한다.

모든 물리이론은 가설에 불과하다는 의미에서 항상 잠정적이다. 우리는 그 가설을 결코 증명할 수 없다. 실험 결과가 어떤 이론과 아무리 여러 번 일치하더라도, 우리는 다음 번에도 그 결과가 이론과 모순되지 않으리라고 절대로 확신할 수 없다. 반면에 우리는 그 이론의 예측과 일치하지 않는 단 하나의 관찰을 발견하는 것만으로도 그 이론을 반증할 수 있다. 과학철학자 칼 포퍼는 좋은 이론의 특징은 원리적으로 관찰로써 반증될 수 있는, 즉 거짓으로 판명될 수 있는 예측들을 많이 내놓는 것에 있다고 강조했다. 매번 새로운 실험 결과들이 살아남은 이론의 예측과 일치하는 것이 관찰될 때마다 그 이론에 대한 우리의 신뢰는 더 두터워진다. 그러나 언제든 새로운 관찰 결과가 이론과 일치하지 않는다면, 우리는 그 이론을 수정하거나 폐기시켜야 한다.

최소한 이런 일이 일반적으로 일어나리라고 생각되는 과학 활동이지만, 우리는 관찰을 수행한 사람의 능력에 대해서 언제나 의문을 제기할 수 있다.

사실상 새로운 이론이 기존 이론의 확장인 경우도 실제로 흔히 발생한다. 일례로 수성을 매우 정밀하게 관측한 결과, 수성의 운동과 뉴턴의 중력이론 사이에 작은 편차가 발견된 일이 있었다. 아인슈타인의 일반상대성이론은 뉴턴의 이론에서 예측했던 것과는 약간 다른 운동이 나타날 것임을 예견했다. 아인슈타인의 예견이 우리가 관측한 것과 일치하는 반면, 뉴턴의 예견은 그렇지 않는다는 사실은 새로운 이론을 입증하는 결정적인 증거가 되었다. 그러나 우리는 여전히 온갖 실용적인 측면에서 뉴턴의 이론을 사용한다. 왜냐하면 뉴턴 이론의 예측과 상대성이론의 예측 사이에서 드러난 차이는 우리의 일상과 관련된 상황들에서는 매우 작기 때문이다(뉴턴의 이론은 아인슈타인의 이론보다 훨씬 더 다루기 쉽다는 커다란 장점도 가지고 있다!).

과학의 궁극적인 목표는 우주 전체를 기술하는 단일한 이론을 만드는 것이다. 그러나 대부분의 과학자들이 실제로 사용하는 접근 방식은 문제를 두 부분으로 나누는 것이다. 첫째, 우주가 시간의 흐름에 따라서 어떻게 변하는지를 알려주는 법칙들이 있다(어떤 특정한 시점에 우주가 어떤 상태에 있는지 우리가 안다면, 그 물리법칙들은 이후에 우주가 어떤 모습일지 우리에게 알려줄 것이다). 둘째, 우주의 초기 상태에 대한 질문이 있다. 어떤 사람들은 과학이 첫 번째 부분만을 다루어야 한다고 생각한다. 그들은 우주의 초기 상태에 대한 질문을 형이상학이나 종교의 문제로 간주한다. 그들은 전능한 존재인 신이 원하는 대로 우주를 탄생시켰을 것이라고 말하곤 한다. 그럴지도 모른다. 만일 그렇다면, 신은 또한 우주가 완전히 무질서하게 전개

되도록 만들 수도 있었을 것이다. 그러나 신은 우주가 특정한 법칙들에 따라서 매우 규칙적으로 진화하도록 선택한 것처럼 보인다. 그러므로 우주의 초기 상태를 지배하는 법칙들도 존재한다고 전제함이 합리적일 것이다.

우주 전체를 한꺼번에 기술하는 이론을 개발하기는 매우 어려운 것으로 판명되었다. 그 대신에 우리는 문제를 작은 조각들로 나누어서 많은 부분 이론들을 개발한다. 그 각각의 부분 이론들은 특정한 제한된 관찰들만을 기술하고 예측하며(describe and predict), 다른 양들에 의한 효과는 무시하거나 단순한 수치들로 처리한다. 이러한 접근 방식은 완전히 오류일 수도 있다. 만일 우주 속의 만물이 근본적으로 다른 모든 것에 의존하고 있다면, 문제들의 일부를 떼어내어 연구함으로써 완전한 답에 이르는 것은 불가능할지도 모른다. 그러나 지난 세월 동안 우리는 그러한 방식으로 발전을 이루어왔다. 여기에서 또다시 뉴턴의 중력이론을 고전적인 예로 들 수 있다. 그 이론은 두 물체 사이에 작용하는 중력이 각각의 물체와 관련된 양, 즉 질량에만 의존하며 물체가 무엇으로 구성되어 있는지와는 무관하다고 말한다. 그러므로 태양과 행성의 궤도를 계산하기 위해서 그것들의 구조와 성분에 대한 이론이 필요하지는 않다.

오늘날 과학자들은 두 가지 근본적인 부분 이론으로 우주를 기술한다. 그 두 이론은 일반상대성이론(一般相對性理論, general theory of relativity)과 양자역학(量子力學, quantum mechanics)이다. 그 이론들은 20세기 전반부에 이루어진 위대한 지적 성취

원자들에서 은하로 20세기 상반기에 물리학자들은 뉴턴이 묘사한 일상세계로부터 우주의 가장 작은 것과 가장 큰 것이라는 양 극단까지 그들의 이론들을 확장해왔다.

이다. 일반상대성이론은 중력과 우주의 거시적인 구조를 기술한다. 즉 그 이론은 몇 킬로미터 규모에서부터 우리가 관찰할 수 있는 우주의 크기인 100만 킬로미터의 100만 배의 100만 배의 100만 배(십진수로 표기하면 1 뒤에 0이 24개 붙는다) 규모까지의 구조를 다룬다. 그 반면에 양자역학은 1센티미터의 100만분의 1의 100만분의 1처럼 극도로 작은 규모의 현상들을 다룬다. 그러나 불행하게도 우리는 이 두 이론이 서로 모순된다는 것을 안다. 두 이론 모두 옳을 수는 없다. 오늘날 물리학에서 이루어지는 중요한 노력의 하나이자 이 책의 중심 주제는 두 이론을 포괄하는 새로운 이론 —— 중력에 관한 양자역학, 즉 양자중력이론(量子重力理論, quantum theory of grarity) —— 을 탐구하는 것이다. 우리는 현재 그 이론을 가지지 못했으며, 그 이론에 도달하기 위해서는 아직 긴 세월이 필요할지도 모른다. 그러나 이미 우리는 그 이론이 가져야 할 많은 특성들에 대해서 알고 있다. 다음 장들을 통해서, 우리는 양자중력이론의 필연적인 귀결들에 대해서 이미 많은 부분을 알고 있음을 깨닫게 될 것이다.

우주가 무질서하지 않고 명확한 법칙들에 의해서 지배된다고 믿는다면, 우리는 궁극적으로 부분 이론들을 우주 속의 모든 것을 기술하는 완전한 통일이론으로 결합해야 한다. 그러나 완전한 통일이론을 향한 길에는 근본적인 역설이 자리하고 있다. 앞에서 언급한 과학이론들에 대한 생각들은 우리가 자유롭게 우주를 관측하고, 그 관측으로부터 논리적인 귀결을 이끌어낼 수 있는 합리적인 존재라는 것을 전제로 한다. 그런 전제하에서 보면 우리가 우주를 지배하는 법칙들에 점점 더 가까이 다가갈 것이라고 가정하는 것이 합리적이다. 그러나 만일 완전한 통일이론이 만들어진다면 그 이론은 아마도 우리의 행동 또한 규정할 것이다. 따라서 그 이론 자체가 그 이론을 향한 우리의 연구 결과도 규정할 것이다! 그렇다면 그 이론은 우리가 증거로부터 올바른 귀결에 도달하지 못하도록 규정할 수도 있지 않을까? 그 이론은 얼마든지 우리를 잘못된 결론에 도달하도록 규정할 수도 있지 않을까? 혹은 아무 결론에 도달하지 못하도록 규정할 수도 있지 않을까?

이 문제에 대해서 내가 할 수 있는 유일한 대답은 다윈의 자연선택원리(principle of natural selection)에 기반을 두고 있다. 기본적인 생각은 자가증식하는 임의의 집단 안에서는 다양한 개체들 간에 유전물질과 습득한 특성들의 차이가 존재한다는 것이다. 그 차이는 일부 개체들이 다른 개체보다 주변 세계에 대해서 더 올바른 결론들을 내리고, 그에 맞게 행동한다는 것을 의미한다. 그 개체들은 살아남아서 번식할 확률이 높기 때문에, 그들의 행동과 사고방식은 그 개체군을 지배하게 될 것이다. 우리가 지능과 과학적 발견이라고 부르는 것이 과거에는 생존을 위한 유리한 조건이 되었음은 분명한 사실이다. 오늘날에도 여전히 그러한지는 그다지 분명치 않다. 우리의 과학이론들은 우리 모두를 파괴할 수도 있고, 설사 그렇지 않다고 하더라도 완전한 통일이론은 우리의 생존에 큰 도움이 되지 않을지도 모른다. 그러나 우주가 규칙적으로 진화해왔다는 것을 생각할 때 우리는 자연선택이 우리에게 부여한 사고 능력이 완전한 통일이론의 탐구에도 유효할 것이며, 따라서 우리를 잘못된 결론으로 이끌지 않을 것이라고 믿어도 좋을 것이다.

우리가 가지고 있는 부분 이론들은 이미 가장 극단적인 상황을 제외한 모든 상황에 대해서 충분히 정확한 예측을 할 수 있으므로, 우주의 궁극적 이론에 대한 탐구를 실용적으로 정당화하기는 어려울지도 모른다(그러나 상대성이론과 양자역학을 향한 탐구에 대해서도 역시 실용성이 없다는 주장이 제기되었다는 것을 기억할 필요가 있다. 그러나 그 이론들은 우리에게 핵에너지와 미세전자공학의 혁명을 가져다주었다). 그러므로 완전한 통일이론의 발견은 인류의 생존에 도움을 주지 못할지도 모른다. 심지어 우리의 생활방식에 아무런 영향을 미치지 못할지도 모른다. 그러나 문명이 시작된 이래로 사람들은 서로 연결되지 않은 사건들과 설명할 수 없는 사건들 앞에서 만족하지 않았다. 사람들은 세계의 심층적인 질서를 이해하고자 갈망해 왔다. 오늘날에도 우리는 여전히 우리가 왜 여기에 있는지, 어디에서 왔는지 알아내고 싶어한다. 지식을 향한 매우 깊은 욕구는 우리의 지속적인 탐구를 정당화하기에 충분한 근거이다. 더욱이 우리가 세운 목표는 사소한 것이 아니라, 우리가 살고 있는 우주를 완벽하게 기술(記述)하는 것이다.

제4장
뉴턴의 우주

　오늘날 물체의 운동에 관한 우리의 생각은 갈릴레오와 뉴턴에게로 거슬러올라간다. 그들이 등장하기 전까지 사람들은 물체의 자연적인 상태는 정지된 상태이며 오직 힘이나 충격에 의해서만 물체가 움직인다는 아리스토텔레스의 말을 믿었다. 아리스토텔레스는 지구가 가벼운 물체보다 무거운 물체를 더 강하게 끌어당기기 때문에 더 빨리 낙하한다고 주장했다. 또한 아리스토텔레스적인 전통은 순수한 사유를 통해서 우주를 지배하는 모든 법칙들을 알아낼 수 있다는 입장을 취했으며, 반드시 관찰에 의해서 사유를 점검할 필요는 없다고 믿었다. 따라서 갈릴레오 이전에는 그 누구도 무게가 다른 물체들이 실제로 다른 속도로 떨어지는지를 굳이 관찰하려고 하지 않았다. 갈릴레오가 이탈리아 피사의 사탑에서 물체들을 떨어뜨림으로써 아리스토텔레스의 믿음이 잘못되었음을 보여주었다는 이야기가 전해지지만, 그것은 허구임이 거의 확실하다. 그러나 갈릴레오가 그것과 비슷한 실험을 한 것은 사실이다. 그는 서로 다른 무게의 공들을 매끄러운 경사면에 굴렸다. 그 실험은 무거운 물체들을 수직으로 떨어뜨리는 경우와 비슷하지만, 속도가 느리기 때문에 관찰하기에 더 용이하다. 갈릴레오의 측정 결과는 각각의 물체가 무게와 상관없이 동일한 비율로 속도가 증가한다는 것을 보여주었다. 예를 들면, 10미터마다 1미터씩 낮아지는 경사면에 공을 굴린다면, 무게와 상관없이 공은 1초 후에 초속 약 1미터로 움직이고, 2초 후에는 초속 약 2미터로 움직일 것이다. 물론 납으로 된 물체는 깃털보다 빨리 움직일 것이다. 그러나 그것은 다만 공기의 저항 때문에 깃털의 속도가 줄어들기 때문이다. 납으로 만든 두 개의 공처럼 공기의 저항을 많이 받지 않는 두 물체를 낙하시키면, 두 물체는 같은 속도로 낙하한다(그 이유는 곧 설명할 것이다). 우주비행사 데이비드 스콧은 물체들의 속도를 감소시키는 공기가 없는 달에서 깃털과 납공을 떨어뜨리는 실험을 했고, 실제로 그것들이 동시에 달의 표면에 도달하는 것을 보았다.

뉴턴은 갈릴레오의 측정 결과를 자신의 운동법칙의 기초로 이용했다. 갈릴레오의 실험에서 경사면을 굴러내려가는 물체들에는 항상 동일한 힘(무게와 같은 힘)이 작용하고, 그 결과 일정하게 속도가 증가한다. 그것은 힘의 효과가 과거에 생각한 것처럼 단지 물체를 움직이게 하는 것만이 아니라, 물체의 속도를 변화시킨다는 사실을 의미한다. 그것은 또한 힘의 작용을 받지 않는 물체는 항상 동일한 속도로 직선으로 계속해서 움직인다는 것을 의미한다. 이러한 생각은 1687년에 출간된 뉴턴의 『프린키피아』에서 처음 분명하게 발표되었으며, 뉴턴의 제1법칙으로 알려져 있다. 힘이 가해졌을 때 물체에 어떤 일이 일어나는지 기술하는 것은 뉴턴의 제2법칙이다. 제2법칙에 따르면 물체는 작용하는 힘에 비례하는 정도로 가속된다, 즉 속도를 바꾼다(예를 들면, 물체에 작용하는 힘이 두 배이면 가속도도 두 배가 된다). 또한 가속도는 그 물체의 질량(mass, 즉 물질의 양)이 커질수록 작아진다(질량이 두 배인 물체에 동일한 힘이 가해지면 가속도는 절반이 된다). 자동차에서 익숙한 예를 찾아볼 수 있다. 엔진의 힘이 더 강할수록 가속도는 더 커진다. 반면에 자동차가 더 무거울수록 동일한 엔진으로 일으킬 수 있는 가속도는 더 작아진다.

 물체가 힘에 어떻게 반응하는지 기술하는 운동법칙들 외에, 뉴턴의 중력이론은 특정한 종류의 힘인 중력의 세기를 알 수 있는 방법을 가르쳐준다. 이미 말했듯이 뉴턴의 중력이론에 의하면, 모든 물체는 그 물체의 질량에 비례하는 힘으로 다른 물체를 끌어당긴다. 그러므로 두 물체 중 한 물체(그것을 물체 A라고 하자)의 질량이 두 배가 되면, 두 물체 사이에 작용하는 힘은 두 배가 된다. 새로운 물체 A가 원래의 질량을 가진 물체 두 개와 같고, 그 두 물체 각각이 물체 B를 원래의 힘으로 끌어당긴다고 생각하면, 그것을 쉽게 이해할 수 있을 것이다. 그러므로 A와 B 사이의 힘의 합계는 원래 힘의 두 배일 것이다. 가

물체들이 합쳐졌을 때의 중력의 세기 물체의 질량이 두 배가 되면, 그 중력도 두 배가 된다.

령, 한 물체의 질량이 원래의 여섯 배라면, 혹은 한 물체의 질량이 두 배이고 다른 물체의 질량이 세 배라면, 두 물체 사이에 작용하는 힘은 여섯 배로 강해질 것이다.

　왜 모든 물체는 같은 속도로 떨어질까? 뉴턴의 중력법칙에 따르면, 질량이 두 배인 물체는 두 배의 중력을 받으면서 아래로 떨어진다. 그러나 그 물체의 질량이 두 배이기 때문에, 뉴턴의 제2법칙에 의해서 일정한 힘이 작용할 때 물체의 가속도는 절반이다. 이 두 가지 효과는 뉴턴의 법칙들에 의해서 정확히 상쇄된다. 따라서 물체의 질량과 관계없이 가속도는 동일하다.

또한 뉴턴의 중력법칙에 따르면, 물체들 사이의 거리가 멀면 멀수록 힘은 더 작아진다. 그 법칙에 의하면, 어떤 별이 지구에 가하는 중력은 거리가 절반인 유사한 별의 중력의 정확히 1/4이다. 이 법칙은 지구와 달과 행성들의 궤도를 매우 정확하게 예측한다. 만일 어떤 별의 중력이 거리에 따라서 더 빠르게 증가하거나 감소한다면, 행성들의 궤도는 타원이 아닐 것이다. 행성들은 태양으로부터 벗어나거나, 나선을 그리며 태양을 향해서 다가갈 것이다.

아리스토텔레스의 견해가 갈릴레오나 뉴턴의 견해와 큰 차이를 보였던 것은 아리스토텔레스가 정지 상태를 다른 상태들보다 더 우월하다고 믿었던 데에 있다. 아리스토텔레스는 힘이나 충격을 받지 않는 한, 물체는 그 우월한 정지 상태에 놓여 있어야 한다고 생각했다. 특히 그는 지구가 정지해 있다고 믿었던 것이다. 그러나 뉴턴의 법칙들에 의하면, 정지 상태를 판정할 수 있는 절대적인 기준이란 것은 없다. 물체 A가 정지해 있고 물체 B가 A에 대해서 일정한 속도로 움직인다고 말하는 것도 옳고, 물체 B가 정지해 있고 물체 A가 움직인다고 말하는 것도 마찬가지로 옳다. 예컨대 지구의 자전과 공전을 잠시 무시한다면, 땅이 정지해 있고 땅 위에 있는 기차가 시속 145킬로미터로 북쪽으로 움직이고 있다는 이야기는 기차가 정지해 있고 나머지 모든 것들과 땅이 시속 145킬로미터로 남쪽으로 움직이고 있다는 이야기와 같다. 우리가 기차 안에서 물체의 운동과 관련된 실험을 한다면, 뉴턴의 법칙들이 모두 성립할 것이다. 뉴턴이 옳을까? 아니면 아리스토텔레스가 옳을까? 우리는 두 사람 중 누가 옳은지 어떻게 알 수 있을까?

다음과 같은 방식으로 판정할 수 있을 것이다. 우리가 상자 안에 갇혀 있다고 상상해보자. 우리는 움직이는 기차 안에 그 상자가 놓여 있는지, 아니면 아리스토텔레스가 정지의 기준이라고 생각한 땅 위에 놓여 있는지 모른다. 이때 상자가 어디에 있는지 알아낼 방법이 있을까? 만일 있다면, 땅 위에 정지해 있는 것은 특별하다는 아리스토텔레스의 견해가 옳을 것이다. 그러나 그런 방법은 없다. 당신이 기차 안에 있는 상자 속에서 여러 가지 실험을 한다면, 결과는 "정지한" 승강장에 있는 상자 속에서 실험했을 때와 똑같을 것이다(물론 철로에 돌출된 곳이나 굴곡이나 다른 흠집이 없다고 가정하자). 기차 안에서 탁구를 치는 사람은 탁구공이 승강장에 있는 탁구대 위에서 움직이는 탁구공과 똑같이 움직이는 것을 발견할 것이다. 또한 우리가 땅에 대해서 다양한 속도로 —— 이를테면 시속 0, 80, 145킬로미터로 —— 움직이는 상자 속에서 탁구를 친다면, 탁구공은 그 모든 상황에서 동일하게 움직일 것이다. 세계는 그렇게 되어 있다. 그리고 그것은 뉴턴의 법칙들의 수학에 반영되어 있다. 기차가 움직이는지, 아니면 땅이 움직이는지 말할 수 있는 방법은 없다. 운동 개념은 다른 대상들에 대해서 상대적으로 이야기할 때에만 의미가 있다.

아리스토텔레스가 옳은지, 아니면 뉴턴이 옳은지가 정말로 중요할까? 그것은 단지 관점이나 철학의 차이가 아닐까? 그 차이가 과학적으로 중요할까? 실제로 정지에 대한 절대적인 기준이 없다는 사실은 물리학에서 중요한 의미를 지닌다. 그것은 서로 다른 시점에 일어난 두 사건이 동일한 장소에서 발생했는지 여부를 결정할 수 없음을 의미한다.

그것을 직관적으로 이해하기 위해서 기차 안에서 위아래로 탁구공을 튀기는 경우를 생각해보자. 탁구공은 1초에 한 번씩 탁구대 위의 동일한 장소에 부딪친다. 탁구공을 튀기는 사람의 입장에서는 탁구공이 처음 튄 장소와 두 번째로 튄 장소 사이의 공간적 거리는 0일 것이다. 한편 기차 밖에 있는 사람에게는 탁구공이 튄 장소들 사이의 거리는 40미터가 될 것이다. 왜냐하면 탁구공이 튀는 동안 기차가 그만큼 전진했을 것이기 때문이다. 뉴턴에 따르면, 그 두 관찰자는 각자 자신이 정지해 있다고 생각할 권리를 가지고 있으므로, 두 관점은 모두 동등하게 수용될 수 있다. 아리스토텔레스가 생각한 것처럼 어느 한 관점이 다른 관점보다 더 우월하지 않다. 사건들이 일어난 것으로 관찰된 장소들과 그 장소들 사이의 거리는 기차 안에 있는 사람의 입장과 기차 밖에 있는 사람의 입장에서 서로 다를 수 있으며, 한 사람의 관찰을 다른 사람의 관찰보다 더 우선시할 이유는 없을 것이다.

뉴턴은 이러한 절대적 위치, 곧 절대공간이라고 부를 수 있는 것이 존재하지 않는 것을 심각하게 염려했다. 왜냐하면 그것

거리의 상대성 물체가 움직이는 거리와 경로는 관찰자에 따라서 다르게 보일 수 있다.

은 절대자인 신에 대한 그의 생각과 조화될 수 없었기 때문이다. 실제로 그는 자신의 법칙들이 그것을 함축하고 있음에도 불구하고 절대공간의 부재를 인정하지 않았다. 뉴턴은 그러한 비합리적인 믿음 때문에 많은 사람들로부터 비판을 받았다. 가장 유명한 비판자는 조지 버클리 주교였다. 그는 모든 물질적 대상과 공간과 시간이 환상이라고 믿은 철학자였다. 유명한 새뮤얼 존슨 박사는 버클리의 견해를 듣자 "나는 이렇게 반박하겠소!"

라고 말하면서 커다란 돌을 발로 찼다고 한다.

아리스토텔레스와 뉴턴은 절대적인 시간을 믿었다. 다시 말해서 그들은 두 사건 사이의 시간 간격을 명확하게 측정할 수 있고, 좋은 시계를 이용하기만 한다면 그 시간 간격은 누가 측정하든지 간에 동일할 것이라고 확신했다. 절대시간은 절대공간과 달리 뉴턴의 법칙들과 일치되었다. 또한 대부분의 사람들이 절대시간을 상식이라고 믿었다. 그러나 20세기에 과학자들은 시간과 공간에 대한 생각을 바꾸어야 한다는 것을 깨달았다. 우리가 곧 보게 되겠지만, 과학자들은 탁구공이 튄 장소들 사이의 거리와 마찬가지로 사건들 사이의 시간 간격도 관찰자에 따라서 달라진다는 사실을 발견했던 것이다. 그들은 또한 시간이 공간과 완전히 분리된 것이 아니며, 공간으로부터 독립적인 것이 아니라는 것도 발견했다. 이 발견의 열쇠가 된 것은 빛의 성질에 대한 새로운 깨달음이었다. 그 깨달음은 우리의 경험에 반대되는 것처럼 보일 수도 있다. 그러나 상식적인 것처럼 보이는 우리의 개념들은 비교적 느린 속도로 움직이는 사과나 행성을 다룰 때는 잘 작동하지만, 광속이나 광속에 가까운 속도로 움직이는 물체들에 대해서는 전혀 작동하지 않는다.

제5장
상대성이론

 빛은 매우 빠르지만 유한한 속도로 움직인다는 사실을 1676년에 처음 발견한 사람은 덴마크의 천문학자 올라우스 크리스텐센 뢰머였다. 목성의 위성들을 관찰하면, 그것들이 목성의 둘레를 돌기 때문에 때때로 목성의 거대한 크기에 가려 보이지 않게 된다는 것을 알 수 있다. 이러한 목성의 위성들의 월식은 규칙적인 간격으로 일어나야 한다. 그러나 뢰머는 월식들이 일정한 간격으로 일어나지 않음을 발견했다. 위성들이 궤도를 움직이면서 속도를 높이거나 줄이는 것일까? 뢰머는 다르게 설명했다. 만일 빛이 무한한 속도로 움직인다면, 지구에 있는 우리는 목성의 위성들의 월식이 일어나는 시간과 정확히 같은 시간에 규칙적으로 월식을 관찰할 수 있을 것이다. 우리가 관찰하는 월식은 마치 우주의 시계처럼 일정한 시간 간격을 유지할 것이다. 빛은 어떤 거리든지 순간적으로 이동할 것이므로, 목성이

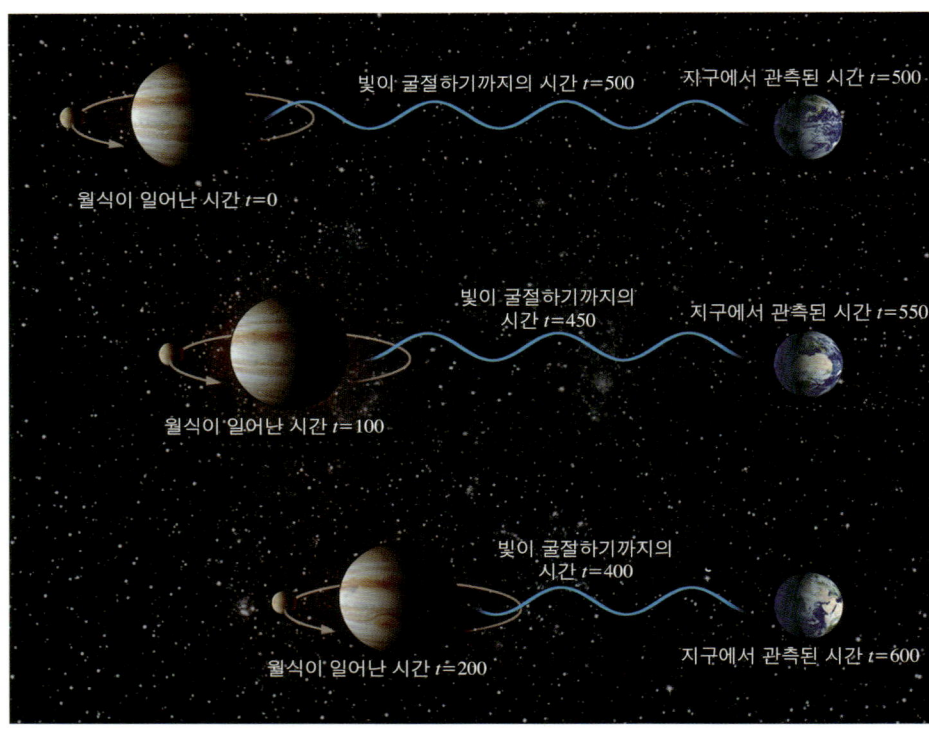

빛의 속도와 월식이 일어나는 시간 목성의 월식이 관측되는 시간은 실제로 월식이 일어나는 시간과 빛이 목성에서 지구까지 이동하는 데 걸리는 시간에 의해서 결정된다. 따라서 월식은 목성이 지구로 다가올 때에 더 자주, 멀어질 때에 더 드물게 관측된다. 그림에서는 분명한 이해를 위해서 이 효과를 과장했다.

지구에서 더 멀어지거나 더 가까이 이동한다고 하더라도 이 상황은 달라지지 않을 것이다.

이제 빛이 유한한 속도로 움직인다고 가정해보자. 그렇다면 우리는 각각의 월식을 그것이 일어난 다음에 보게 될 것이다. 우리가 볼 때까지 지체되는 시간은 빛의 속도와 지구와 목성 사이의 거리에 의해서 결정된다. 그러나 만일 목성과 지구 사이의 거리가 일정하다면, 매번 월식이 일어날 때마다 지체되는 시간은 동일할 것이다. 하지만 목성은 때때로 지구를 향해서 다가온다. 그러한 경우, 잇따른 각각의 월식을 알리는 "신호"가 지구에 도달하기 위해서 거쳐야 하는 거리는 점점 더 짧아지고, 그 신호는 목성이 일정한 거리를 유지할 때보다 점점 더 빨리 지구에 도달할 것이다. 마찬가지 이유로 목성이 지구로부터 멀어질 때에도 우리는 예상보다 점점 더 늦게 월식을 관찰하게 된다. 월식의 신호가 더 일찍 혹은 더 늦게 도착하는 정도는 빛의 속도에 의존하므로, 그 정도를 측정함으로써 빛의 속도를 계산할 수 있다. 이것이 바로 뢰머가 한 일이다. 그는 지구가 목성 궤도에 다가갈 때 목성의 달의 월식이 더 빨리 관찰되고, 지구가 멀어질 때 더 늦게 관찰된다는 것을 발견하고, 그 차이를 이용하여 빛의 속도를 계산했다. 그러나 그가 측정한 지구와 목성 간의 거리 변화는 정확하지 않았다. 그가 얻은 광속 값은 대략 초속 23만 킬로미터지만, 오늘날의 광속의 값은 대략 초속 299,000킬로미터이다. 그러나 광속이 유한하다는 것을 증명했을 뿐만 아니라, 그것을 측정하기까지 한 뢰머의 업적은 대단한 것이었다 —— 그의 광속 측정은 뉴턴의 『프린키피아』가 출간되기 11년 전에 이루어졌다.

　빛의 전파에 대한 적절한 이론은 1864년 영국의 물리학자 제임스 클러크 맥스웰이 그때까지 전기력과 자기력을 기술하기 위해서 사용되었던 부분 이론들을 통합하는 데에 성공하면서 비로소 탄생했다. 전기와 자기는 고대에도 알려져 있었지만, 18세기에 이르러서야 영국의 화학자 헨리 캐번디시와 프랑스의 물리학자 샤를-오귀스탱 드 쿨롱에 의해서 전하(電荷)를 띤 두 물체 사이에 작용하는 전기력을 지배하는 수량적인 법칙들이 확립되었다. 이어서 몇 십 년 후인 19세기 초에 여러 물리학자들이 자기력을 지배하는 법칙들을 확립했다. 맥스웰은 전기력과 자기력이 입자들이 서로에게 직접 작용하여 발생하는 것이 아님을 수학적으로 보여주었다. 그에 따르면, 모든 전하와 전류는 주위 공간에 장(場)을 발생시키고, 그 장이 그 공간 안에 있는 다른 모든 전하와 전류에 힘을 가한다. 맥스웰은 하나의 장이 전기력과 자기력을 모두 발휘한다는 것을 발견했다. 따라서 전기력과 자기력은 동일한 하나의 힘의 분리할 수 없는 두 측면이다. 맥스웰은 그 하나의 힘을 전자기력(電磁氣力, electromagnetic force), 그 힘을 발휘하는 장을 전자기장(電磁氣場, electromegnetic)이라고 명명했다.

　맥스웰의 방정식은 전자기장에는 파동과 같은 교란 상태가 존재할 수 있고, 이 파동은 연못의 파문과 같이 일정한 속도를 가질 것이라고 예측했다. 그가 계산한 속도는 빛의 속도와 정확하게 일치했다! 파동(wave)은 마루와 골이 연속하는 것이고, 마루와 마루 그리고 골과 골의 사이의 거리를 파장(wave length)이라고 한다. 맥스웰의 파동, 즉 전자기파는 파장이 40만 분의 1-80만 분의 1cm(0.4-0.8마이크로미터)일 때에는 가시광선, 다시 말하면 인간이 눈으로 볼 수 있는 빛이다. 가시광선보다도 파장

파장 파동의 파장은 연속하는 마루와 마루 또는 골과 골 사이의 거리이다.

이 짧은 파동은 현재로는 자외선, 엑스 선, 감마 선이다. 그보다 긴 파장의 파동은 라디오 웨이브(파장이 1m 이상), 마이크로 웨이브(약 1cm), 적외선(가시광선보다 길고 1마이크로미터보다 짧다)이 있다.

 맥스웰의 이론은 전파나 빛이 반드시 일정한 속도로 움직여야 한다는 것을 함축했다. 이것은 정지의 절대적인 기준이 없다면, 대상의 속도에 대한 보편적인 합의도 없다는 뉴턴의 이론과 조화되기 어려웠다. 이를 이해하기 위해서 다시 우리가 기차 안에서 탁구를 친다고 상상해보자. 만일 우리가 기차 앞쪽 방향으로 공을 치고, 상대방이 그 공의 속도를 시속 10킬로미터로 측정했다면, 우리는 승강장에 있는 관찰자가 그 공이 시속 100킬로미터로 움직이고 있다고 지각할 것이라고 예상할 것이다 ─ 기차에 대해서 공이 움직이는 속도 10과 승강장에 대해서 기차가 움직이는 속도 90을 더하면 100이 된다. 공의 진짜 속도는 얼마일까? 시속 100킬로미터일까? 아니면 10킬로미터일까? 우리는 공의 속도를 어떻게 정해야 할까? 기차를 기준으로? 아니면 땅을 기준으로? 절대적인 정지의 기준이 없으므로 우리는 공에 절대적인 속도를 부여할 수 없다. 속도를 측정하는 기준틀을 어떻게 정하느냐에 따라서 동일한 공에 임의의 속도를 부여할 수 있다. 뉴턴의 이론에 따르면, 빛에 대해서도 동일한 사정이 성립해야 한다. 그렇다면 맥스웰의 이론에서 빛의 파동이 반드시 일정한 속도로 움직여야 한다는 것은 무슨 의미일까?

맥스웰의 이론과 뉴턴의 이론을 조화시키기 위해서, "에테르(ether)"라는 물질이 모든 곳, 심지어 "텅 빈" 공간에도 존재한다는 주장이 제기되었다. 에테르가 존재한다는 생각은, 물결 파동이 물을 필요로 하고 소리가 공기를 필요로 하는 것처럼, 전자기 에너지가 전달되기 위해서는 어떤 종류의 매질이 필요하다고 생각한 과학자들에게서 환영을 받았다. 그들의 견해에 따르면, 음파(音波)가 공기를 통해서 전파되듯이 광파(光波)는 에테르를 통해서 전파된다. 그러므로 맥스웰의 방정식에서 도출

탁구공의 다양한 속도 상대성이론에 따르면, 관찰자들의 속도 측정값들은 서로 다를지라도 모두 똑같이 타당하다.

되는 광파의 "속도"는 에테르에 대한 상대속도로 측정되어야 한다. 서로 다른 관찰자들에게는 빛이 자신에게 다른 속도로 다가오는 것처럼 보일 것이다. 그러나 에테르에 대한 빛의 속도는 일정할 것이다.

　이 생각을 검증할 방법이 있었다. 어떤 광원에서 빛이 방출된다고 상상해보자. 에테르 이론에 따르면, 그 빛은 광속으로 에테르 속을 통과한다. 만일 우리가 에테르 속에서 광원을 향해서 움직인다면, 우리가 관찰하는 빛의 속도는 빛이 에테르 속을 움직이는 속도와 우리가 에테르 속을 움직이는 속도의 합이 될 것이다. 빛은 우리가 움직이지 않을 때나 다른 방향으로 움직일 때보다 더 빨리 우리에게 다가올 것이다. 그러나 빛의 속도는 우리가 광원을 향해서 움직이는 일반적인 속도보다 훨씬 더 크기 때문에, 빛이 우리에게 다가오는 속도의 차이를 측정하기는 매우 어렵다.

　1887년에 앨버트 마이컬슨(그는 훗날 노벨 물리학상을 수상한 최초의 미국인이 되었다)과 에드워드 몰리는 클리블랜드의 케이스 응용과학 학교(현재 명칭은 케이스 웨스턴 리저브 대학교)에서 매우 조심스럽고도 어려운 실험을 했다. 지구가 거의 초속 32킬로미터의 속도로 태양 주위를 회전하므로, 그들의 실험실도 비교적 빠른 속도로 에테르 속을 움직여야 했다. 에테르가 태양에 대해서 어느 방향으로, 얼마나 빠르게 움직이는지, 아니 도대체 움직이기는 하는지는 물론 아무도 모른다. 그러나 지구가 궤도상의 여러 다른 지점들에 위치하게 되는 여러 다른 시점들에서 실험을 반복함으로써 이 미지의 항들을 처리할 수 있으리라고 기대할 수 있었다. 그리하여 마이컬슨과 몰리는 지구의 에테르에 대한 운동 방향에서(우리가 광원에 다가가고 있을 때) 측정한 빛의 속도와, 그 운동에 대한 직각 방향에서(우리가 광원에 다가가지 않을 때) 측정한 빛의 속도를 비교하는 실험을 구상했다. 그들은 매우 놀랐다. 왜냐하면 두 방향에서 측정한 빛의 속도는 정확히 동일했기 때문이다.

1887년에서 1905년까지 에테르 이론을 구제하기 위한 다양한 시도가 있었다. 그중에서 가장 유명한 것은 네덜란드의 물리학자 헨드리크 로렌츠에 의한 시도였다. 그는 마이컬슨-몰리 실험 결과를 설명하기 위해서 에테르 속을 움직이는 물체가 수축되고, 시계가 느려진다는 주장을 내놓았다. 그러나 당시 무명의 스위스 특허청 직원이었던 아인슈타인은 1905년에 발표한 유명한 논문에서 절대시간(absolute time) 개념을 기꺼이 버린다면, 에테르 개념 전체가 불필요하다고 주장했다(왜 그런지 곧 알게 될 것이다). 몇 주일 후에 프랑스 최고의 수학자 앙리 푸앵카레도 비슷한 생각에 도달했다. 아인슈타인의 주장은 푸앵카레의 주장보다도 물리학적이었다. 푸앵카레는 이 문제를 순수하게 수학적으로 고찰했으며 (죽는 날까지) 아인슈타인의 해석을 받아들이지 않았다.

상대성이론(相對性理論, theory of relativity)이라고 불리는 아인슈타인의 이론의 근본 전제는, 자유롭게 이동하는 모든 관찰자들에게 그들이 움직이는 속도와는 관계없이 과학법칙들이 동일해야 한다는 것이었다. 그것은 뉴턴의 운동법칙들에서도 성립했지만, 아인슈타인은 이제 그 개념을 맥스웰의 이론에까지 적용되도록 확장시켰다. 다시 말해서 맥스웰의 이론에 의하면 빛의 속도는 주어진 일정한 값을 가져야 하므로, 자유롭게 움직이는 모든 관찰자들은 자신들이 얼마나 빨리 광원(光源)에 다가가든 멀어지든 상관없이, 그 동일한 값을 측정해야 한다. 이 단순한 생각은 —— 에테르나 그밖의 다른 우월한 기준틀을 이용하지 않고 —— 맥스웰 방정식에서 빛의 속도의 의미를 설명했지만, 직관에 반하는 몇 가지 주목할 만한 결과를 가져왔다.

예를 들면, 모든 관찰자들이 빛의 속도에 대해서 동의해야 한다는 요구는 우리에게 시간개념을 바꿀 것을 강요한다. 다시 한 번 달리는 기차를 상상해보자. 제4장에서 우리가 보았듯이, 기차 안에서 탁구공을 튀기는 사람은 탁구공이 겨우 몇 센티미터만 움직였다고 말하겠지만, 승강장에 서있는 사람은 그 탁구공이 약 40미터를 움직였다고 말할 것이다. 마찬가지로 기차 안에 있는 사람이 전등을 비출 경우, 두 관찰자는 빛이 움직인 거리에 대해서 동의하지 않을 것이다. 그런데 속도는 '거리 나누기 시간'이므로 두 관찰자가 빛의 이동거리에 대해서 동의하지 않는다면, 그들이 빛의 속도에 대해서 동의하는 유일한 길은 경과한 시간에 대해서도 동의하지 않는 것뿐이다. 다시 말해서 상대성이론은 절대시간 개념에 종지부를 찍었다. 모든 관찰자들이 저마다 자신이 지니고 있는 시계를 통해서 자신의 고유한 시간을 측정해야 하고, 그 시간은 다른 관찰자들이 지닌 동일한 시계로 측정한 시간과 반드시 일치하지는 않는다.

상대성이론에서는 마이컬슨과 몰리의 실험이 시사하는 것처럼 에테르의 개념을 도입할 필요가 없다. 그 대신 상대성이론은 공간과 시간에 대한 우리의 개념을 근본적으로 바꿀 것을 요구한다. 우리는 시간이 공간으로부터 완전히 분리되어 있지 않거나 공간으로부터 독립적이지 않으며, 공간과 결합하여 시공(時空, space-time)이라는 대상을 이룬다는 것을 인정해야 한다. 이는 쉽게 납득할 만한 개념이 아니다. 심지어 물리학계에서도 상대성이론이 보편적으로 인정받기까지는 여러 해가 걸렸다. 아인슈타인이 상대성이론을 창안할 수 있었다는 것은 그의 뛰어난 상상력을 입증하는 증거이며, 그가 그 이론으로부터 귀결되는 것으로 보이는 이상한 결론들에도 불구하고 그 이론을 완성시킨 것은 자신의 논리에 대한 확신을 보여주는 증거이다.

공간 속의 한 점의 위치를 세 개의 숫자 또는 좌표로 기술할 수 있다는 것은 일상적으로 경험하는 일이다. 예를 들면, 우리는 방 안에 있는 한 점이 한쪽 벽으로부터 2미터 떨어져 있고, 다른 쪽 벽으로부터 1미터 떨어져 있고, 바닥으로부터 1.5미터 떨어져 있다고 말할 수 있다. 혹은 한 점을 특정한 위도와 경도와 표고로 나타낼 수 있다. 우리는 좌표를 임의로 설정할 수 있지만, 그 좌표들은 한정된 영역에서만 유용할 것이다. 달의 위치를 말할 때 피카딜리 광장에서 북쪽으로 몇 킬로미터이고 서쪽으로 몇 킬로미터이며, 그리고 표고 몇 킬로미터라고 하는 것은 실용적이지 못할 것이다. 그 대신에, 태양으로부터의 거리, 행성 궤도면으로부터의 거리, 그리고 달과 태양을 잇는 직선과 태양과 켄타우로스 좌 알파 성과 같은 근처의 항성을 잇는 직선 사이의 각도를 제시할 수 있다. 그러나 이 좌표들도 우리 은

공간 속의 좌표 공간이 3차원이라는 말의 의미는 공간 속의 한 점을 지정하는 데에 3개의 수, 즉 3개의 좌표가 필요하다는 것이다. 시간도 함께 고려하면, 공간은 4차원 시공이 된다.

하계 속에서 태양의 위치나 은하군 내에서 우리 은하계의 위치를 나타내는 데에는 큰 도움이 되지 못할 것이다. 사실상 우리는 우주 전체를 여러 잇닿은 조각들의 조합으로 기술할 수 있다. 우리는 각각의 조각에서 한 점의 위치를 나타내기 위해서, 다양한 3차원 좌표를 사용할 수 있다.

상대성이론의 시공에서 각각의 사건 —— 특정한 공간 속의 점과 시간에서 일어나는 일 —— 은 네 개의 수 또는 네 개의 좌표로 기술될 수 있다. 이때도 좌표의 선택은 임의적이다. 우리는 명확하게 정의된 세 개의 공간좌표와 시간척도를 어떠한 것이든 사용할 수 있다. 그러나 상대성이론에서는 두 개의 공간좌표 사이에 아무런 차이도 없듯이 공간좌표와 시간좌표 사이에도 실질적으로 아무런 구분이 없다. 우리는 가령, 첫 번째 공간좌표가 이전의 첫 번째와 두 번째 공간좌표의 조합인 새로운 좌표집합을 선택할 수도 있다. 즉 지상에서 한 점의 위치를 피카딜리 광장에서 북쪽으로 몇 킬로미터, 서쪽으로 몇 킬로미터라고 나타내는 대신에, 피카딜리 광장에서 북동쪽으로 몇 킬로미터, 북서쪽으로 몇 킬로미터라고 기술할 수 있다. 이와 유사하게 우리는 과거의 시간좌표(단위는 초) 더하기 피카딜리 광장에서 북쪽으로 떨어진 거리(단위는 광초〔light-second : 빛이 1초 동안 이동하는 거리/역주〕)로 이루어지는 새로운 시간좌표를 사용할 수 있다.

또다른 잘 알려진 상대성이론의 귀결은 질량과 에너지의 등가성(等價性)이다. 그 귀결은 아인슈타인의 유명한 방정식 $E=mc^2$(E는 에너지, m은 질량, c는 빛의 속도)으로 요약된다. 사람들은 흔히 이 방정식을 한 조각의 물질이 순수한 전자기파로 완전히 변환되면 얼마나 큰 에너지가 산출되는지 계산하는 데 쓴다(광속은 매우 큰 수이므로 산출되는 에너지는 매우 크다. 히로시마를 파괴한 원자탄에서 에너지로 변환된 물질의 무게는 28그램보다 작았다). 하지만 이 방정식은 물체의 에너지가 증가하면 물체의 질량도 증가한다는 것, 즉 물체의 가속에 대한 저항도 증가한다는 것을 또한 말해준다.

운동 에너지는 에너지의 한 형태이다. 당신의 자동차를 출발시키는 데에 에너지가 드는 것과 마찬가지로, 임의의 물체의 속도를 증가시키는 데에도 에너지가 든다. 운동하는 물체의 운동 에너지는 그 물체를 그렇게 운동하게 만들기 위해서 필요한 에너지와 같다. 그러므로 물체는 빠르게 운동할수록 더 큰 운동 에너지를 가진다. 그런데 에너지와 질량의 등가성 때문에 운동 에너지의 증가는 질량의 증가를 가져온다. 따라서 물체가 빠르게 운동할수록, 그 물체의 속도를 증가시키기가 더 어려워진다. 이 효과는 광속에 가까운 속도로 움직이는 대상에 대해서만 실질적으로 중요한 의미를 가진다. 예를 들면, 광속의 10퍼센트로 움직이는 물체의 질량은 정지했을 때보다 0.5퍼센트 더 많아질 뿐이다. 반면에 광속의 90퍼센트로 움직이는 물체의 질량은 정지했을 때보다 두 배 이상 많아진다. 물체가 광속에 가까워질수록 질량은 점점 더 빠르게 증가하고, 따라서 좀더 속도를 높이기 위해서는 점점 더 많은 에너지가 필요하게 된다. 상대성이론에 따르면, 어떤 물체도 광속에 도달할 수 없다. 왜냐하면 광속에 도달하면 그 물체의 질량이 무한대가 될 것이고, 따라서 질량과 에너지의 등가원리에 의해서, 물체를 광속에 도달시키려면 무한량의 에너지가 필요하기 때문이다. 이런 이유 때문에, 일반적인 물체는 상대성이론에 의해서 영원히 광속보다 낮은 속도로 움직일 수밖에 없다. 고유질량을 가지지 않은 빛과 그밖의 다른 파동들만이 광속으로 움직일 수 있다.

아인슈타인이 1905년에 발표한 이론은 특수상대성이론(special theory of relativity)이라고 불린다. 왜냐하면 그 이론은 빛의 속도가 모든 관찰자에게 동일하다는 것과, 물체가 광속에 가까운 속도로 움직일 때 어떤 일이 일어나는지를 매우 성공적으로 설명했지만, 뉴턴의 중력이론과는 조화되지 않았기 때문이다. 뉴턴의 이론에 의하면, 임의의 주어진 시점에 물체들은 그들 사이의 거리에 따라서 달라지는 힘으로 서로를 끌어당긴다. 그것은 우리가 두 물체 중 하나를 이동시키면, 다른 물체에 미치는 힘도 즉시 변한다는 것을 의미한다. 예컨대 태양이 갑자기 사라질 경우, 맥스웰의 이론에 의하면 지구는 여전히 약 8분 동안 어두워지지 않아야 하지만(왜냐하면 빛이 태양에서 지구에 도달하는 데 8분이 걸리므로), 뉴턴의 중력이론에 의하면 지구는 즉각적으로 태양의 중력을 느끼지 않고 궤도를 벗어나야 한다. 즉 태양이 사라짐으로써 생기는 중력 효과가 특수상대성이론이 주장하는 것처럼 광속이나 그 이하의 속도로 우리에게 전달되는 것이 아니라 무한대의 속도로 전달된다는 것이다. 1908년에서 1914년까지 아인슈타인은 특수상대성이론과 모순되지 않는 중력이론을 찾기 위해서 여러 차례 시도를 했지만 성공하지 못했다. 마침내 그는 1915년에 오늘날 우리가 일반상대성이론(general theory of relativity)이라고 부르는 더욱 혁명적인 이론을 제시했다.

제6장
휘어진 공간

　아인슈타인의 일반상대성이론은 중력이 다른 힘들과 같은 종류의 힘이 아니며, 과거에 생각했던 것처럼 시공이 평평하지 않기 때문에 발생하는 결과라는 혁명적인 주장에 기초하고 있다. 일반상대성이론에서 시공은 그 속의 질량과 에너지의 분포에 따라서 휘어져 있다. 곧 "구부러져 있는" 것이다. 지구와 같은 천체들은 중력이라고 하는 힘을 받기 때문에 곡선 궤도를 움직이는 것이 아니라, 휘어진 공간 속에서 직선에 해당하는 선, 즉 측지선(測地線, geodesic)을 따라서 움직이는 것이다. 전문적으로 말하면, 측지선이란 인접한 두 점을 잇는 최단(혹은 최장) 거리로 정의된다.
　기하학적 평면은 평평한 2차원 공간이다. 그 공간에서 측지선은 직선이다. 지구의 표면은 휘어진 2차원 공간이다. 지구의 표면에서 측지선은 대원(大圓, great circle)이라고 한다. 적도선

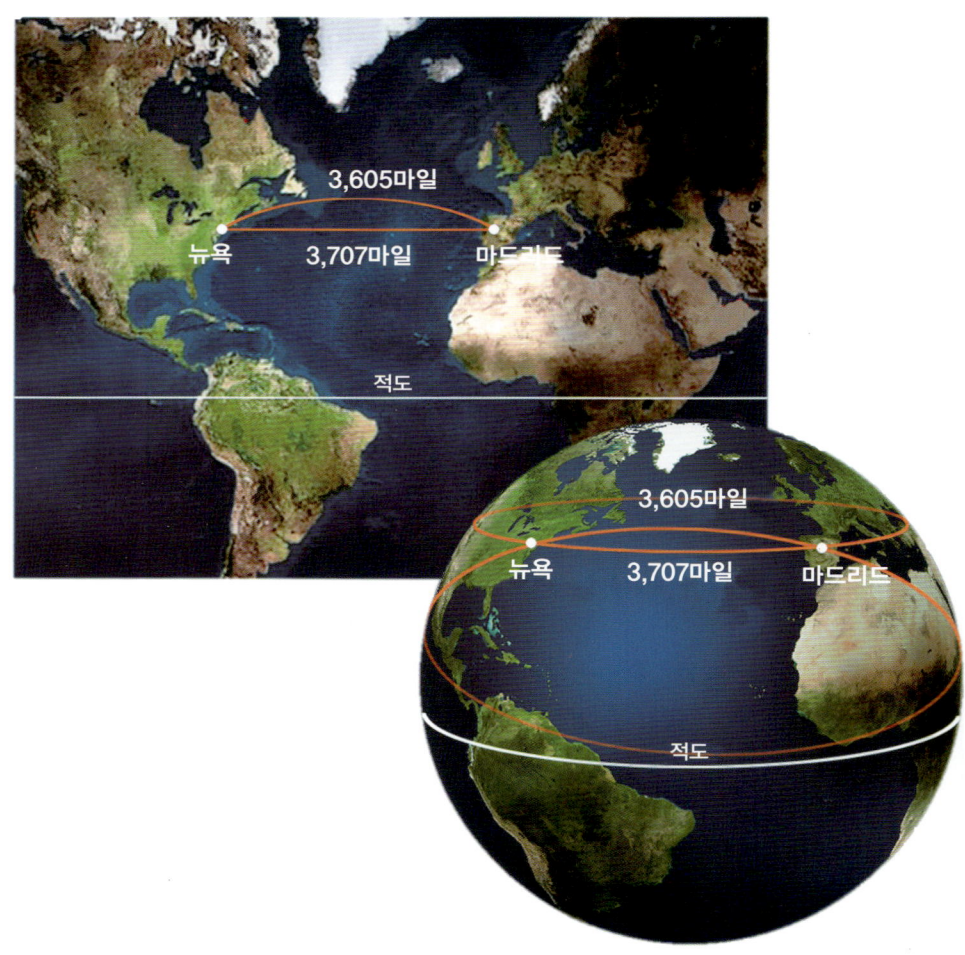

지구 상공에서의 거리 지구 위의 두 점을 잇는 최단 경로는 대원을 따라가는 경로이다. 평면지도 위에 그 경로를 표시하면 직선과 일치하지 않는다.

은 대원이다. 마찬가지로 중심이 지구의 중심과 일치하는 임의의 원도 대원이다("대원(大圓, great circle)"이라는 이름은 그 원들이 지구의 표면에 그릴 수 있는 가장 큰 원이기 때문에 붙여졌다). 측지선은 두 공항을 잇는 가장 짧은 항로이기 때문에, 항법사는 조종사에게 그 항로를 따라서 비행하라고 말할 것이다. 예를 들면, 우리는 뉴욕에서 마드리드까지 나침반이 가리키는 대로 거의 곧장 동쪽으로 두 도시가 공유하는 위도선을 따라서 날아갈 수 있다. 그렇게 3,707마일을 날아가야 한다. 그러나 우리가 대원을 따라서 처음에는 북동쪽으로 날아가고, 이어서 점차 동쪽으로 선회한 다음, 마지막으로 남동쪽을 향한다면, 3,605마일만을 날더라도 마드리드에 도착할 수 있다. 지구의 표면을 변형시킨(평평하게 만든) 지도로 보면, 그 두 경로의 모양은 실제와 다르다. 우리가 지구 표면의 한 점에서 다른 점으로 동쪽을 향해서 "직선으로" 이동할 때, 우리는 실제로 직선으로 이동하는 것이 아니다. 적어도 가장 빠른 경로인 측지선으로 이동하는 것은 아니다.

일반상대성이론에서 물체들은 항상 4차원 시공 속에서는 측지선을 따라서 움직인다. 물질이 없으면 4차원 시공에서의 측지선은 3차원 공간에서의 직선과 일치한다. 물질이 있으면 4차원 시공은 변형되고, 3차원 공간 속의 물체의 경로는 휘어진다(과거 뉴턴 이론에서는 그 휘어짐을 중력의 효과라고 설명했다). 이것은 산악지역 위를 날아가는 비행기를 보는 것과 비슷하다. 비행기가 3차원 공간에서 직선으로 날아가고 있다고 생

우주선의 그림자 경로 우주공간을 직선으로 비행하는 우주선의 그림자를 2차원의 지상에 투사하면, 그 경로는 휘어져 있는 것으로 보인다.

각해보자. 만일 세 번째 차원 —— 고도 —— 을 제거하면, 우리는 비행기의 그림자가 산악지역의 2차원 표면 위의 휘어진 경로로 움직이는 것을 볼 수 있을 것이다. 혹은 공간 속을 직선으로 날아가며 정확히 북극 위를 지나는 우주선을 생각해보자. 우주선의 경로를 지구의 2차원 표면에 투사하면, 투사된 경로는 북반구의 경도선과 같은 반원으로 보일 것이다. 물론 더 상상하기 어려운 일이지만, 태양의 질량이 시공을 휘어지게 하기 때문에, 지구는 4차원 시공 속에서 직선을 따라서 움직임에도 불구하고, 우리에게는 3차원 공간 속에서 원에 가까운 궤도를 따라 움직이는 것처럼 보인다.

비록 다른 방식으로 도출되었지만, 실제로는 일반상대성이론에 의해서 예측된 행성들의 궤도는 뉴턴의 중력이론이 예측한 궤도와 거의 정확하게 일치한다. 가장 큰 편차는 수성의 궤도에서 나타나는데, 그것은 태양에 가장 가까운 행성이기 때문에 가장 강력한 중력 효과에 의해서 꽤 긴 타원 궤도가 된다. 일반상대성이론의 예측에 의하면, 타원의 장축은 1천 년에 약 1도씩 회전해야 한다. 이 효과는 비록 작지만, 1915년보다 훨씬 더 이전에 관찰되었고(제3장 참조), 아인슈타인의 이론을 입증하는 최초의 증거 중 하나가 되었다. 최근에는 다른 행성들의 궤도의 더 작은 편차들이 레이더로 측정되어 일반상대성이론의 예측과 일치한다는 사실이 밝혀졌다.

광선도 시공 속에서 측지선을 따라서 움직여야 한다 공간이 휘어져 있다는 사실은 빛이 공간 속에서 직진하는 것처럼 보이지 않는다는 것을 의미한다. 다시 말해서 일반상대성이론은 중력장이 빛을 휘어지게 만든다고 예측한다. 예컨대 그 이론에 따르면, 태양 주위에서의 빛의 경로는 태양의 질량 때문에 태양 쪽으로 약간 휘어져야 한다. 이는 멀리 떨어진 항성에서 출발하여 태양 근처를 지나가게 된 빛이 작은 각도로 굴절되어, 지상

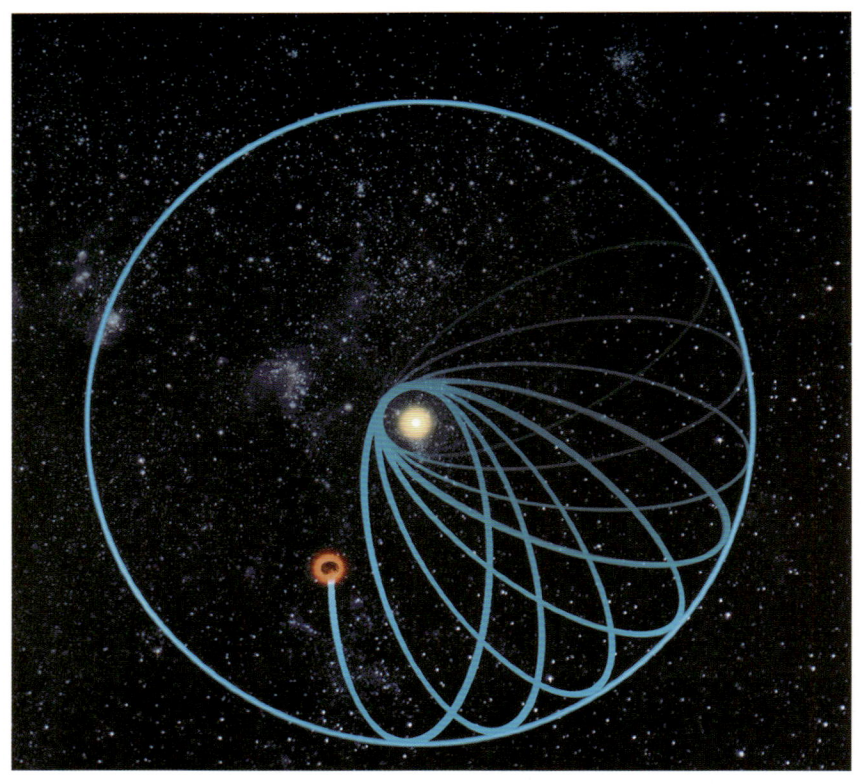

수성 궤도의 세차운동 수성이 태양 주위를 반복해서 돌 때, 수성 궤도의 장축은 천천히 회전한다. 장축이 한 바퀴 회전하는 데에 걸리는 시간은 약 360,000년이다.

의 관찰자에게는 그 항성이 다른 위치에 있는 것처럼 보이게 되리라는 것을 뜻한다. 물론 항성에서 오는 빛이 항상 태양 근처를 지나간다면, 우리는 그 빛이 굴절되었는지, 혹은 항성이 실제로 우리가 보는 위치에 있는지 판단할 수 없을 것이다. 그러나 지구가 태양 주위를 공전하기 때문에, 우리에게는 여러 항

태양 근처에서의 빛의 굴절 태양이 먼 항성과 지구 사이에서 거의 직선상에 놓이면, 태양의 중력장이 항성의 빛을 굴절시켜 항성의 겉보기 위치가 달라진다.

성들이 태양 뒤편으로 지나가는 것처럼 보이며, 그때 그 항성들의 빛은 굴절된다. 따라서 그 항성들은 다른 항성들에 대해서 겉보기위치가 달라진다.

　보통의 경우, 이 효과를 관찰하는 것은 매우 어렵다. 왜냐하면 태양 빛이 태양 근처의 하늘에 나타나는 항성들을 관측할 수 없게 만들기 때문이다. 그러나 달이 태양 빛을 가리는 일식 때에는 관측이 가능하다. 빛이 굴절할 것이라는 아인슈타인의 예측은 1915년에는 곧바로 검증될 수 없었다. 왜냐하면 당시는 제1차 세계대전 중이었기 때문이다. 1919년에 이르러서야 비로소 서아프리카에서 일식을 관찰한 영국 탐사대가 아인슈타인이 예측한 대로 빛이 태양에 의해서 굴절됨을 입증했다. 독일인이 만든 이론을 영국 과학자들이 입증한 이 사건은 전쟁 이후 두 나라의 화해를 상징하는 위대한 사건으로 추켜세워졌다. 하지만 역설적이게도, 나중에 이루어진 조사에서 당시 탐사대가 찍은 사진들을 검토한 결과, 그들이 측정하고자 한 아인슈타인 이론에 의한 효과와 동일한 크기의 관측 오차가 있는 것을 알게 되었다. 탐사대의 측정은 그저 행운이었든지, 아니면 원하는 결과를 미리 알고 있었기 때문에 그런 측정값을 얻었을 것이다. 그런 일은 과학에서 드물지 않다. 그러나 빛의 굴절은 더 나중에 이루어진 수차례의 관측을 통해서 정확하게 입증되었다.

　일반상대성이론에서 또 하나의 예측은 지구처럼 무거운 물체 근처에서는 시간이 더 느리게 가는 것처럼 보여야한다는 것이다. 아인슈타인이 이와 같은 사실을 깨달은 것은 중력이 공간의 모양도 바꾼다는 것을 알기 5년 전이며, 일반상대성이론을 완성하기 8년 전인 1907년이었다. 아인슈타인은 자신의 등가원리 (等價原理, principle of equivalence)로부터 그 효과를 도출했다. 일반상대성이론에서 등가원리는 특수상대성이론에서 근본 전제가 한 것과 같은 역할을 한다.

특수상대성이론의 근본 전제는 과학의 법칙들이 자유롭게 움직이는 모든 관찰자들에게 그들의 속도와 관계없이 동일해야 한다는 것이다. 대략적으로 말한다면, 등가원리는 이 전제를 중력장의 영향하에서 움직이는 관찰자들에게까지 확장시킨 것이다. 그 원리를 정확하게 표현하기 위해서는 몇 가지 전문적인 사항들이 필요하다. 예컨대 중력장이 균일하지 않다면, 잇대어 붙인 각각의 작은 조각들에 원리를 적용해야 한다. 그러나 그런 전문적인 사항은 고려하지 않겠다. 우리의 목적을 위해서는 등가원리를 다음과 같이 표현할 수 있다. 충분히 작은 공간에서는 당신이 중력장 안에서 정지해 있는지, 아니면 빈 공간 안에서 일정한 가속도로 움직이고 있는지 구분할 수 없다.

우리가 빈 공간 속의 승강기 안에 있다고 상상해보자. 중력이 없기 때문에, "위"도 "아래"도 없다. 우리는 자유롭게 떠 있다. 이제 승강기가 일정한 가속도로 움직이기 시작한다. 우리는 갑자기 무게를 느낀다. 즉, 우리는 승강기의 한쪽 끝으로 끌어당겨지는 힘을 감지하고, 갑자기 그 끝이 바닥으로 느껴진다! 만일 우리가 사과를 손에서 놓치게 되면, 사과는 바닥으로 떨어진다. 우리가 가속하고 있기 때문에 승강기 내부에서 일어나는 모든 일은 승강기가 전혀 움직이지 않고 중력장 속에 정지해 있을 때와 똑같을 것이다. 아인슈타인은 기차 안에 있을 때 우리가 일정하게 움직이고 있는지 아닌지를 말할 수 없는 것과 똑같이, 승강기 안에 있을 때 우리가 일정하게 가속하는지 혹은 일정한 중력장 안에 있는지 말할 수 없다는 것을 깨달았다. 이 결론이 그의 등가원리이다.

등가원리와 위에서 제시한 그 원리의 실례는, 오직 관성질량(慣性質量, inertial mass : 뉴턴의 제2법칙에 나오는 질량으로 물체가 힘에 대한 반응으로 얼마나 가속하는지를 결정한다)과 중력질량(重力質量, gravitational mass : 뉴턴의 중력이론에 나오는 질량으로 물체가 느끼는 중력의 크기를 결정한다)이 동일할 경우에만 성립한다(제4장 참조). 왜냐하면 그 두 종류의 질량이 동일하다면, 중력장 안에 있는 모든 물체들이 그 질량에 상관없이 동일한 가속도로 낙하할 것이기 때문이다. 만일 등가원리가 성립하지 않는다면, 중력의 영향하에서는 어떤 물체들은 다른 물체들보다 더 빨리 낙하할 것이다. 그렇다면 모든 물체가 동일한 속도로 낙하하는 등가속도 운동과 중력에 의한 낙하를 구분할 수 있을 것이다. 아인슈타인이 중력질량과 관성질량의 등가성을 이용하여 자신의 등가원리를 이끌어내고, 더 나아가서 일반상대성이론 전체를 이끌어낸 것은 인류의 지성사에서 유례를 찾기 힘든 엄밀한 논리적 추론이었다.

이제 우리는 등가원리를 배웠으므로, 왜 시간이 중력의 영향을 받는지를 보여주는 또다른 사고실험을 출발점으로 삼아 아인슈타인의 논리를 따라갈 수 있다. 우주공간에 있는 로켓을 상상해보자. 그 로켓은 매우 길어서 빛이 로켓의 머리에서 꼬리까지 이동하는 데에 1초가 걸린다. 그 머리에 한 관찰자가 있고, 또 다른 관찰자가 꼬리에 있으며, 그 두 관찰자가 1초에 한 번 "찰각" 하는 소리를 내는 동일한 시계를 가졌다고 가정하자.

로켓의 머리에 있는 관찰자가 시계 소리를 기다리다가 소리를 듣자마자 즉각적으로 꼬리에 있는 관찰자에게 빛 신호를 보낸다고 하자. 머리에 있는 관찰자는 시계가 다음번 소리를 낼 때 빛 신호를 한 번 더 보낸다. 각각의 빛 신호는 1초 동안 이동한 다음, 꼬리에 있는 관찰자에게 수신될 것이다. 그러므로 머리에 있는 관찰자가 1초 간격으로 두 개의 신호를 보낸 것과 마찬가지로, 꼬리에 있는 관찰자는 1초 간격으로 두 개의 신호를 받을 것이다.

만일 로켓이 공간 속에 자유롭게 떠 있는 것이 아니라, 중력의 영향을 받으면서 지구 상공에 정지해 있다면 상황은 어떻게 달라질까? 뉴턴의 이론에 따르면, 중력은 이 상황에 아무런 영향도 미치지 않는다. 머리에 있는 관찰자가 1초 간격으로 신호를 보내면, 꼬리에 있는 관찰자는 1초 간격으로 신호를 받을 것이다. 그러나 등가원리는 다른 예측을 내놓는다. 그 원리에 따르면, 우리는 중력의 효과를 고려하는 대신에 일정한 가속의 효과를 고려함으로써 어떤 일이 일어날지 예측할 수 있다. 이것은 아인슈타인이 어떻게 등가원리를 이용해서 그의 새로운 중력이론을 창조했는지를 보여주는 한 예이다.

로켓이 가속하고 있다고 가정하자(로켓이 천천히 가속함으로써 광속에 접근하지는 않는다고 가정하자). 로켓이 위로 움직이고 있으므로, 첫 번째 신호가 꼬리에 도달할 때까지 거쳐야 하는 거리는 더 짧아지고, 따라서 신호는 1초보다 더 빨리 꼬리에 도달할 것이다. 만일 로켓이 일정한 속도로 움직인다면, 두 번째 신호도 정확히 같은 시간만큼 빨리 도착할 것이며, 따라서 두 신호 사이의 간격은 1초를 유지할 것이다. 그러나 가속도 때문에 두 번째 신호가 보내질 때는 로켓이 더 빨리 움직일 것이다. 따라서 두 번째 신호는 첫 번째 신호보다 더 짧은 거리를 움직여 꼬리에 도달할 것이고, 시간은 더 적게 걸릴 것이다. 그러므로 꼬리에 있는 관찰자가 측정한 두 신호 사이의 간격은 1초보다 더 적을 것이다. 이는 정확히 1초 간격으로 신호를 보냈다고 주장하는 머리에 있는 관찰자와 일치하지 않는 관찰 결과이다.

가속하는 로켓에서 이런 일이 일어난다는 것은 그다지 놀라운 일이 아닐 것이다. 우리는 위의 설명을 쉽게 이해할 수 있으니까 말이다. 그러나 등가원리에 의해서 중력장 속에 정지해 있는 로켓에서도 똑같은 일이 일어난다는 것을 상기하자. 다시 말해서, 로켓이 가속하지 않고 지면 위의 발사대에 있을 때에도, 머리에 있는 관찰자가 (그의 시계에 따라서) 1초 간격으로 신호를 보내면, 꼬리에 있는 관찰자는 (그의 시계에 따라서) 더 짧은 간격으로 신호를 받게 된다. 이것은 정말 놀라운 일이다.

여전히 다음과 같이 의문을 제기하는 사람도 있을 것이다.

그것은 중력이 시간을 바꾼다는 것을 의미하는가, 아니면 단지 시계를 망가뜨린다는 것을 의미하는가? 꼬리에 있는 관찰자가 머리로 올라가서 두 관찰자가 시계를 서로 비교해본다고 가정하자. 그들의 시계는 동일하다. 그러므로 이제 당연히 그들은 두 시계가 똑같이 움직이는 것을 알 수 있을 것이다. 꼬리에 있는 관찰자의 시계에는 아무 이상도 없다. 그 시계는 그것이 있는 장소에서 국지적인 시간의 흐름을 측정한다. 이렇게 특수상대성이론이 상대적으로 운동하는 관찰자에게 시간이 다르게 흘러간다고 말하는 것처럼, 일반상대성이론은 중력장 속에서 다른 높이에 있는 관찰자에게 시간이 다르게 흘러간다고 말한다. 일반상대성이론에 의하면, 꼬리에 있는 관찰자가 더 짧은 시간 간격을 측정하는 것은 중력장이 더 강한 지면에 가까이 있을수록 시간이 더 느리게 흘러가기 때문이다. 중력장이 강하면 강할수록 이 효과는 그만큼 더 커진다. 뉴턴의 운동이론은 공간 속의 절대공간이라는 개념에 종지부를 찍었다. 지금까지 우리가 본 것처럼 상대성이론은 절대시간의 개념을 제거했다.

  이 예측은 1962년 한 급수탑의 꼭대기와 바닥에 설치된 매우 정밀한 시계를 이용해서 검증되었다. 지구에 더 가까이 있는 바닥의 시계가 더 느리게 가는 것이 밝혀졌는데, 그것은 일반상대성이론과 정확하게 일치했다. 그 효과는 매우 작다 —— 태양의 표면에 있는 시계는 지구의 표면에 있는 시계보다 오직 1년에 1분쯤 더 느리게 간다. 그러나 다른 고도에 있는 시계의 속도가 다르다는 사실은 오늘날 인공위성에서 보낸 신호에 기초를 둔 매우 정밀한 항법체계의 개발과 함께 중요한 실용적 의미를 가지게 되었다. 일반상대성이론의 예측을 무시할 경우, 우리가 계산한 위치에 수 킬로미터의 오차가 생길 수 있다.

우리의 생체 시계도 시간 흐름의 변화에 영향을 받는다. 한 쌍의 쌍둥이를 생각해보자. 쌍둥이 중 한 명은 산꼭대기에서 살고, 다른 한 명은 해변에서 산다고 가정하자. 첫째 쌍둥이는 둘째 쌍둥이보다 더 빨리 나이를 먹을 것이다. 그러므로 두 쌍둥이가 만난다면, 한쪽이 다른 쪽보다 더 늙어버렸을 것이다. 이 경우에 나이 차이는 매우 작을 것이다. 쌍둥이 중 한 명이 우주선을 타고 거의 광속으로 긴 여행을 한다면, 나이 차이는 훨씬 더 벌어질 것이다. 여행에서 돌아온 쌍둥이는 지구에 머문 쌍둥이보다 훨씬 더 젊을 것이다. 이것을 쌍둥이 역설(twins paradox)이라고 한다. 그러나 이것은 절대시간이라는 개념이 우리의 마음속에 남아 있기 때문에 역설이 된다. 상대성이론에서는 유일한 절대시간이 없고, 그 대신 각 개인은 자신이 어디에 있고 어떻게 움직이는지에 따라서 달라지는 개인적인 시간 척도를 가지게 된다.

1915년 이전에는, 공간과 시간은 그 안에서 사건들이 일어나지만, 그 자신들은 사건들로부터 영향을 받지 않는 고정된 무대로 여겨졌다. 심지어 특수상대성이론에서도 공간과 시간은 그렇게 고정된 무대로 생각되었다. 물체들이 움직이고 힘은 물체들을 끌어당기기도 하고 밀어내기도 하지만, 시간과 공간은 아무런 영향도 받지 않은 채 그대로 유지된다고 믿어졌다. 그러나 일반상대성이론에서는 사정이 전혀 다르다. 공간과 시간은 이제 역동적인 양(量)이다. 물체가 움직이거나 힘이 작용하면, 시간과 공간의 곡률(曲率)에 영향이 미친다. 반대로 시공의 구조는 물체가 움직이고 힘이 작용하는 방식에 영향을 미친다. 시간과 공간은 우주에서 일어나는 모든 일들에 영향을 미칠 뿐만 아니라, 그것들로부터 영향을 받는다. 시간과 공간 개념이 없이는 우주 속의 사건들에 대해서 말할 수 없는 것과 같이, 일반상대성이론에서는 우주의 경계 바깥의 시간과 공간에 대해서 말하는 것이 무의미해졌다. 1915년 이후 수십 년이 경과하면서 시간과 공간에 대한 새로운 이해는 우리의 우주관에 혁명을 일으켰다. 우리가 곧 보게 되듯이, 우주가 본질적으로 변화하지 않는다는 과거의 생각은 역동적으로 팽창하는 우주 개념으로 대체되었다. 우주는 유한한 과거에 시작되었고, 유한한 미래에 종말을 맞을 수도 있는 것처럼 보이게 되었다.

제7장
팽창하는 우주

 달이 없는 맑은 밤에 하늘을 보면, 우리가 보는 가장 밝은 천체들은 아마도 금성, 화성, 목성, 토성일 것이다. 그리고 하늘에는 우리의 태양과 비슷하지만, 훨씬 더 멀리 떨어져 있는 수많은 별들이 있을 것이다. 그 별들 중 일부는 지구가 태양 주위를 공전함에 따라서 서로에 대한 상대적 위치가 매우 조금씩 변하는 것처럼 보인다. 그 별들은 전혀 고정되어 있지 않다! 이것은 그 별들이 우리에게 비교적 가까이 있기 때문이다. 지구가 태양 주위를 돌 때 우리는 비교적 가까운 별들을 더 먼 별들을 배경으로 하여 다른 위치에서 본다. 그 효과는 우리가 탁 트인 도로를 차로 달릴 때 보는 것과 같다. 근처에 있는 나무들의 위치는 수평선에 있는 산을 배경으로 하여 달라지는 것처럼 보인다. 더 가까운 나무일수록 더 많이 움직이는 것처럼 보인다. 이렇게 별의 상대적 위치가 달라지는 것을 시차(視差, parallax)라고 한다.

시차(視差) 우리가 도로 위나 공간 속을 달리고 있을 때, 우리가 보는 멀고 가까운 물체들의 상대적인 위치는 변한다. 그 변화를 측정하면 물체들까지의 상대적인 거리를 알아낼 수 있다.

별에 시차가 있다는 것은 행운이다. 왜냐하면 그것을 통해서 우리는 별까지의 거리를 직접적으로 측정할 수 있기 때문이다.

가장 가까운 항성인 켄타우로스 좌(座)의 프록시마 성(星)까지의 거리는 약 4광년, 곧 38조 킬로미터이다. 육안으로 보이는 대부분의 다른 별들은 수 백 광년 이내의 거리에 있다. 반면에 우리의 태양은 겨우 8광분(光分, light-minute : 빛이 1분 동안 가는 거리/역주) 떨어져 있다. 육안으로 보이는 항성들은 밤하늘 전체에 퍼져 있는 듯하지만, 은하수(銀河水, Milky Way)라고 불리는 띠에 특히 집중되어 있다. 1750년 무렵에 이미 몇 명의 천문학자들은 만일 눈으로 볼 수 있는 대부분의 항성들이 단일한 원반 모양의 배열을 이루고 있다면, 은하수처럼 보일 것이라는 의견을 제안했다. 그렇게 배열된 별들의 집단은 오늘날 우리가 나선은하(spiral gallaxy)라고 부르는 것 중의 하나이다. 불과 수십 년 후에 천문학자 프레드릭 윌리엄 허셜 경은 수많은 별들의 위치와 거리를 기록하는 노고를 통해서 그 천문학자들의 생각을 입증했다. 그러나 이 생각이 완전히 인정된 것은 겨우 20세기 초에 이르러서였다. 오늘날 우리는 은하수, 즉 우리의 은하계가 폭이 10만 광년이며 천천히 회전한다는 것을 알게 되었다. 나선형 팔을 이루는 별들은 수백만 년에 한 번씩 그 중심 주위를 돈다. 우리의 태양은 나선형 팔의 가장자리 근처에 있는 평범한 보통 크기의 노란색 별에 불과하다. 우리는 지구가 우주의 중심이라고 믿었던 아리스토텔레스와 프톨레마이오스의 생각으로부터 정말 많이 진보한 것이다!

우리의 현대적인 우주관은 불과 1924년에 탄생했다. 그해에 미국 천문학자 에드윈 허블은 은하수가 유일한 은하계가 아님을 증명했다. 실제로 그는 광활한 공간을 사이에 두고 서로 떨어져 있는 수많은 다른 은하계들을 발견했다. 그 사실을 증명하기 위해서 허블은 지구와 다른 은하계들 사이의 거리를 측정해야 했다. 그러나 은하계들은 서로 아주 멀리 떨어져 있기 때문에 근처에 있는 항성들과 달리 위치가 정말 고정된 것처럼 보였다. 그 은하계들의 거리 측정에 시차를 이용할 수 없었던 허블은 간접적인 방법으로 거리를 측정해야 했다. 별까지의 거리를 알려주는 확실한 척도 중 하나는 별의 광도(光度)이다. 그러나 별의 겉보기 광도는 거리에 의해서만 결정되는 것이 아니라, 별이 방출하는 빛의 양(그것을 절대광도〔luminosity〕라고 부른다)에 의해서도 결정된다. 희미한 별도 가까이 있으면, 먼 은하계에 있는 가장 밝은 별보다 더 밝게 보일 것이다. 그러므로 겉보기 광도를 거리의 척도로 이용하기 위해서는 별의 절대광도를 알아야 한다.

가까이 있는 항성들의 절대광도는 그것들의 겉보기 광도에 의해서 계산할 수 있다. 왜냐하면 그 별들의 시차(視差)를 통해서 거리를 알아낼 수 있기 때문이다. 허블은 가까운 별들을 그것들이 방출하는 빛의 종류에 따라서 특정한 종류들로 분류할 수 있음을 발견했다. 같은 종류의 별들은 항상 동일한 절대광도를 가지고 있다. 이어서 그는 우리가 먼 은하계에서 이런 종류의 별들을 발견한다면, 그 별들이 비슷한 가까운 별들과 같은 절대광도를 가지고 있다고 전제할 수 있다고 주장했다. 그 정보를 이용해서 우리는 그 은하계의 거리를 계산할 수 있다. 만일 우리가 같은 은하계에 있는 많은 별들에 대해서 이러한 계산을 할 수 있고, 그 결과 항상 같은 거리가 산출된다면, 우리는 이 측정을 상당히 신뢰할 수 있을 것이다. 이런 방식으로 허블은 아홉 개의 다른 은하들의 거리를 계산했다.

오늘날 우리는 육안으로 보이는 별들이 전체 별들 중에서 극히 적은 일부라는 것을 알고 있다. 우리는 약 5,000개의 별을 육안으로 볼 수 있지만, 그것은 우리의 은하계, 즉 은하수 속에 있는 전체 별들 중 0.0001퍼센트에 불과하다. 그러나 은하수도 현대적인 망원경으로 관측할 수 있는 수천억 개 이상의 은하계들 중 하나일 뿐이다. 그리고 각각의 은하계는 평균적으로 수천억 개의 별들을 가지고 있다. 만일 별이 소금 알갱이라면, 우리는 육안으로 보이는 모든 별들을 찻숟가락에 담을 수 있을 것이다. 반면에 우주에 있는 모든 별들은 지름이 13킬로미터 이상인 공을 가득 채울 수 있을 것이다.

별들은 너무 멀리 떨어져 있어서 우리에게는 단지 바늘끝만한 점〔光點〕으로 보인다. 우리는 별들의 크기나 모양을 보지 못한다. 그러나 허블이 밝혔듯이 매우 다양한 종류의 별들이 있고, 별들의 색에 따라서 그 종류를 구분할 수 있다. 뉴턴은 태양의 빛이 프리즘이라고 불리는 삼각형 모양의 유리를 통과하면, 무지개처럼 여러 가지 색(spectrum)으로 분리되는 것을 발견했다. 주어진 광원에서 방출된 다양한 색들의 상대적인 세기

별의 스펙트럼 별빛을 구성하는 색들을 분석함으로써, 별의 온도와 대기의 성분을 알아낼 수 있다.

를 그 광원의 스펙트럼이라고 부른다. 개별 항성이나 은하계에 망원경의 초점을 맞춤으로써 그 항성이나 은하계에서 나오는 스펙트럼을 관찰할 수 있다.

 스펙트럼이 우리에게 이야기해주는 것 중 하나는 온도이다. 1860년 독일의 물리학자 구스타프 키르히호프는 별을 비롯한 임의의 물체는, 달궈진 석탄이 밝게 빛나는 것처럼 열을 받으면 빛이나 그밖의 복사파를 방출한다는 것을 알아냈다. 달궈진 물체들이 방출하는 빛은 그 물체 속의 원자들의 열운동에서 비롯

흑체 스펙트럼 별뿐 아니라 모든 물체가 미세한 구성요소들의 열운동에서 기인하는 복사파를 방출한다. 그 복사파의 진동수 비율로 그 물체의 온도를 알 수 있다.

된다. 그렇게 물체가 열을 받아 빛을 내는 현상을 흑체복사(黑體輻射, blackbody radiation)라고 한다(빛을 내는 물체가 검은 것은 아니지만, 흑체라고 부른다). 흑체복사 스펙트럼은 매우 분명한 특징이 있다. 그 스펙트럼은 물체의 온도에 따라서 결정되는 뚜렷한 형태를 나타낸다. 그러므로 빛나는 물체가 방출하는 빛은 온도계의 눈금과 같다. 다양한 별들에서 우리가 관찰하는 스펙트럼은 항상 정확히 흑체복사의 형태를 보인다. 그것은 별의 열적(熱的) 상태를 보여주는 엽서이다.

우리가 더 자세히 들여다보면 볼수록 별빛은 우리에게 그만큼 더 많은 것을 말해준다. 우리는 특정한 색들이 빠져 있음을 발견하기도 하는데, 그렇게 빠져 있는 색들은 별마다 다를 수 있다. 우리는 각 화학원소마다 매우 특정한 색들을 흡수하는 성질이 있다는 것을 알고 있으므로, 어떤 별의 스펙트럼에서 빠진 색들을 그 색들과 비교함으로써 그 별의 대기 속에 어떤 원소들이 있는지 정확하게 알아낼 수 있다.

1920년대에 다른 은하계에 있는 항성들을 관찰하기 시작한 천문학자들은 매우 특이한 것을 발견했다. 관찰된 스펙트럼에서는 우리 은하계에 있는 별들의 스펙트럼에서 그러하듯이 동일한 색들이 빠져 있었다. 그러나 그 색들은 모두 스펙트럼의 빨간색 끝 쪽으로 동일한 비율로 이동되어 있었다.

그러한 색 혹은 진동수의 이동을 물리학자들은 도플러 효과 (Doppler effect)라고 부른다. 우리는 소리와 관련해서 그 효과를 잘 알고 있다. 도로를 지나가는 자동차의 소리를 들어보자. 자동차가 다가올 때 엔진 —— 또는 경적 —— 소리는 높다. 그리고 자동차가 우리에게서 멀어져 갈 때 엔진 소리는 낮다. 자동차의 엔진이나 경적이 내는 소리는 연속되는 마루와 골로 이루어진 파동이다. 자동차가 우리에게 다가올 때, 파동의 마루들이 잇달아 방출되는 가운데 자동차와 우리 사이의 거리는 점차 줄어든다. 그러므로 마루와 마루 사이의 거리 —— 소리의 파장 —— 는 자동차가 멈추어 있을 때보다 짧을 것이다. 파장이 짧을수록, 매초마다 우리의 귀에 도달하는 파동은 많아지고, 소리의

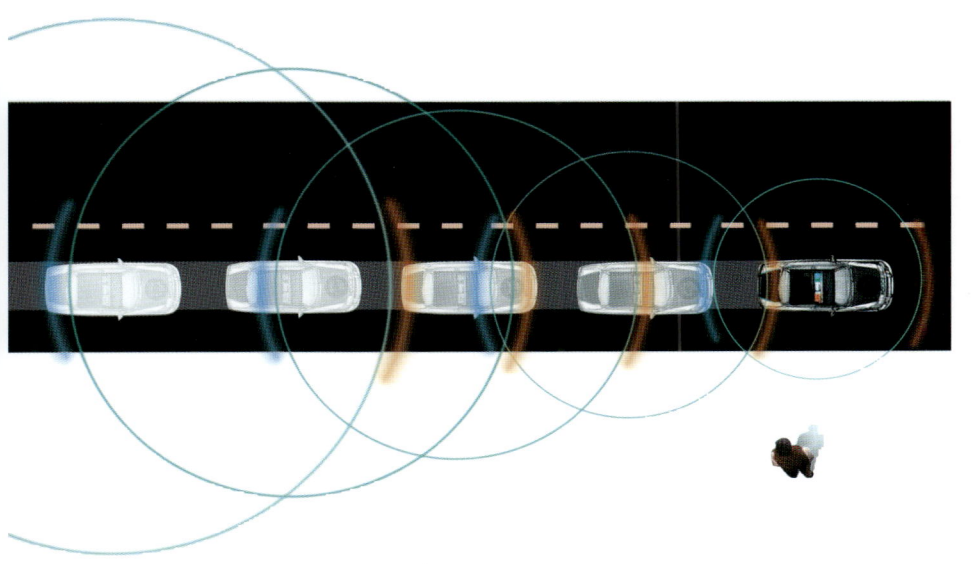

도플러 효과 파동을 발생시키는 물체가 관찰자에게 가까이 다가오면 파동의 파장은 짧아지는 것 같다. 만일 그것이 멀어지면, 파장은 길어지는 것 같다. 이 현상을 도플러 효과라고 한다.

높이, 즉 진동수는 높아진다. 마찬가지로 자동차가 우리에게서 멀어지면, 파장은 길어지고 파동은 더 낮은 진동수로 우리의 귀에 도달할 것이다. 자동차의 속도가 빠를수록 이 효과가 크므로, 우리는 도플러 효과를 속도 측정에 이용할 수 있다. 빛과 라디오 파의 행태는 서로 유사하다. 실제로 경찰은 도플러 효과를 이용하여 자동차의 속도를 측정한다. 경찰은 라디오 파의 펄스를 발사하고, 자동차에서 반사되어 돌아오는 라디오 파의 파장을 측정한다.

제5장에서 언급했지만, 가시광선의 파장은 매우 짧아서

4/100,000에서 8/100,000센티미터 정도이다. 인간의 눈은 파장이 다른 빛을 색이 다른 것으로서 인식한다. 파장이 가장 긴 가시광선은 스펙트럼의 빨간색 끝에 나타나며 가장 짧은 것은 파란색 끝에 나타난다. 이제 우리에게서 일정한 거리만큼 떨어진 광원이 일정한 빛을 방출한다고 하자. 우리가 받는 파동의 파장은 방출된 파장과 같을 것이다. 이번에는 광원이 우리에게서 멀어지기 시작한다고 하자. 소리의 경우에서와 마찬가지로, 그것은 빛의 파장이 길어짐을 의미하고, 따라서 빛의 스펙트럼은 빨간색 끝으로 이동할 것이다.

허블은 다른 은하들의 존재를 증명한 후 수년 동안 은하들의 거리를 기록하고 스펙트럼을 관찰하는 데 시간을 쏟아부었다. 당시 대부분의 사람들은 은하들이 불규칙적으로 움직일 것이라고 예상했고, 따라서 많은 적색편이된(red-shifted) 스펙트럼과 청색편이된(blue-shifted) 스펙트럼을 관찰할 수 있을 것이라고 기대했다. 그러므로 대부분의 은하들이 적색편이된 스펙트럼을 보인 것은 매우 놀라운 일이었다. 거의 모든 은하들이 우리로부터 멀어지고 있었다! 더욱 놀라운 것은 허블이 1929년에 발표한 내용이었다. 은하의 적색편이의 정도는 결코 임의적이지 않았는데, 우리로부터 은하까지의 거리에 정비례했다. 다시 말해서, 더 멀리 있는 은하일수록 더 빨리 멀어지고 있었던 것이다. 그것은 우주가 과거에 우리 모두가 믿었던 것처럼 정적인 상태가 아닌 것을 의미했다. 실제로 우주는 팽창하고 있다. 은하들 사이의 거리는 항상 커지고 있다.

우주가 팽창한다는 사실을 발견한 것은 20세기에 일어난 커다란 지적 혁명의 하나였다. 오늘날 돌이켜 생각해보면, 그 사실을 더 먼저 발견한 사람이 없었다는 것이 의아하게 여겨질 정도이다. 뉴턴을 비롯한 여러 과학자들은 정적인 우주가 안정적일 수 없다는 사실을 깨달을 수도 있었을 것이다. 왜냐하면 모든 별과 은하들이 서로에게 중력을 미치지만, 그 중력에 맞설 척력이 존재하지 않기 때문이다. 그러나 우주가 특정한 임계속도보다 빠르게 팽창하고 있다면, 중력이 팽창을 중지시킬 만큼 강하지 못하여 우주는 영원히 계속해서 팽창할 것이다. 이것은 지구 표면에서 로켓을 쏘아올리는 상황과 비슷하다. 로켓의 속도가 매우 느리면, 결국 중력이 로켓을 멈추게 하고, 로켓은 지구 표면으로 다시 떨어지기 시작할 것이다. 반면에 로켓의 속도가 특정한 임계속도(초속 약 11킬로미터) 이상이면, 중력이 로켓을 다시 끌어당길 만큼 크지 못하여, 로켓은 지구로부터 영원히 멀어질 것이다.

우주의 움직임은 뉴턴의 중력이론에 의해서 19세기나 18세기, 혹은 심지어 17세기 말의 어느 시기에라도 예측될 수 있었다. 그러나 정적인 우주에 대한 믿음이 매우 강했으므로, 그 믿음은 20세기 초까지 지속되었다. 심지어 아인슈타인조차도 1915년 일반상대성이론을 정립했을 때, 우주가 정적이라는 믿음 때문에 자신의 방정식에 이른바 우주상수(cosmological constant)라는 것을 도입하여 자신의 이론이 정적인 우주와 모순되지 않도록 만들었다. 아인슈타인이 조작한 우주상수는 다른 힘들과 달리 특정한 원천에서 나오는 것이 아니라 시공의 가장 기본적인 조직 자체에 내재하는 새로운 "반(反)중력(antigravity)"의 효과를 가지고 있었다. 이 새로운 힘 때문에 시공은 내재적으로 팽창하는 경향성(tendency)이 있었다. 우주상수를 조절함으로써 아인슈타인은 그와 같은 경향성의 강도를 조절할 수 있었다. 그는 이런 경향성이 우주에 있는 모든 물질의 인력과 정확히 균형을 이룸으로써 결과적으로 정적인 우주가 가능할 수 있음을 발견했다. 훗날 아인슈타인은 우주상수를 부정하고, 그 조작된 항이 그의 "가장 큰 실수"라고 말했다. 우리가 곧 보게 되겠지만, 오늘날 우리는 우주상수를 도입한 것이 옳았을지도 모른다고 믿을 이유를 가지고 있다. 그러나 아인슈타인을 실망시킨 것은, 자신이 정적인 우주에 대한 믿음에 얽매여 자신의 이론이 예측할 수 있는 우주의 팽창을 간과했다는 사실이었다. 오직 한 사람만이 일반상대성이론의 예측을 기꺼이 있는 그대로 받아들인 것 같다. 아인슈타인과 여러 물리학자들이 비(非)정적인 우주에 대한 일반상대성이론의 예측을 회피할 방법을 찾고 있는 동안, 러시아의 물리학자이자 수학자인 알렉산드르 프리드만은 오히려 우주의 팽창을 설명하기 시작했다.

프리드만은 우주에 관하여 간단한 두 가지 가정을 했다. 첫째 우리가 어느 방향을 바라보든 우주는 동일하게 보일 것이라는 것, 둘째 우리가 어느 곳에서 바라보든 우주는 동일하게 보일 것이라는 것이 그 두 가정이다. 프리드만은 이 두 가정에만 기초해서 일반상대성이론의 방정식들을 풀었고, 우리가 정적인 우주를 기대할 수 없음을 증명했다. 실제로 에드윈 허블의 발견이 있기 몇해 전인 1922년에 프리드만은 허블이 뒤에 발견한 것을 정확히 예측했다.

우주가 모든 방향에서 동일하게 보일 것이라는 가정은 물론 정확히 실재와 일치하지 않는다. 예를 들면, 우리가 이미 살펴보았듯이, 우리 은하 속의 다른 별들은 밤하늘을 가로지르는 빛의 띠, 즉 은하수를 형성한다. 그러나 우리가 먼 다른 은하들을 보면, 모든 방향에 대략 같은 수의 은하들이 있는 것처럼 보인다. 그러므로 은하들 사이의 거리에 해당하는 큰 척도에서 우주를 관측하고, 그보다 작은 척도에서의 차이들을 무시하면, 우주는 모든 방향에서 거의 동일하게 보인다. 나무들이 아무 위치에서나 자라는 숲 속에 있다고 상상해보자. 우리가 어느 한 방향을 보면, 우리는 가장 가까운 나무가 1미터 거리에 있는 것을 볼지도 모른다. 다른 방향을 보면 가장 가까운 나무가 3미터 거리에 있을 수도 있다. 또다른 방향을 보면 2미터 거리에 나무들이 무리지어 있는 것을 볼지도 모른다. 숲은 보는 방향에 따라서 동일하게 보이지 않는 듯하다. 그러나 반경 1킬로미터 이내의 모든 나무들을 고려한다면, 앞에서 말한 작은 차이들은 사라지고 어느 방향을 보든 동일한 숲을 발견할 수 있을 것이다.

큰 규모에서 별들이 균일하게 분포하고 있는 것처럼 보인다는 것은 오랫 동안 프리드만의 가정 —— 실제 우주에 대한 대략적인 모형으로서 —— 을 충분히 정당화시키는 것 같았다. 그

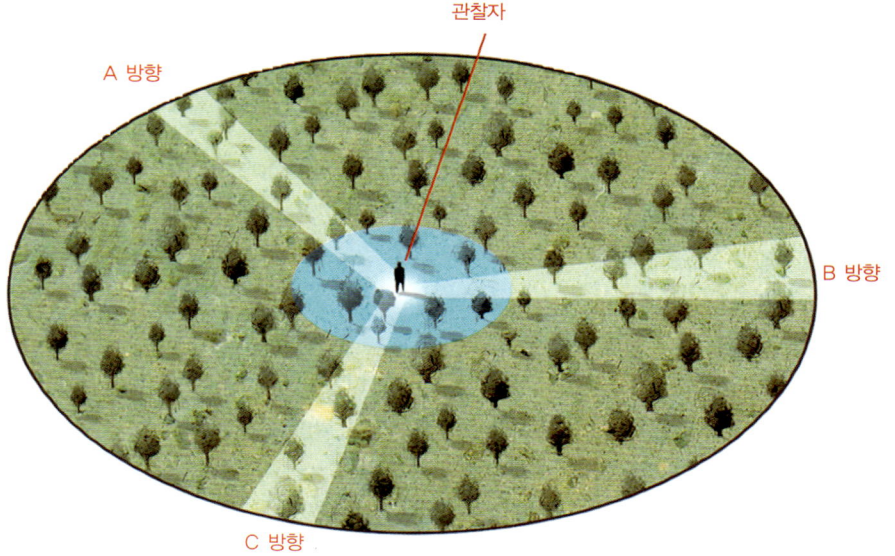

어느 방향을 바라보든 똑같이 보이는 숲 숲속의 나무들이 균일하게 분포한다고 하더라도, 가까이 있는 나무들은 무리를 지은 듯이 보일 수 있다. 마찬가지로 우리에게 가까운 국지적인 우주는 균일하지 않게 보인다. 그러나 큰 규모에서는 우리가 어느 방향을 보든 우주는 동일해 보인다.

러나 좀더 최근에 프리드만의 가정이 실제로 우주에 대한 놀랄 만큼 정확한 기술이라는 사실이 우연한 사건에 의해서 발견되었다. 1965년 뉴저지에 있는 벨 전화연구소에서 일하던 두 명의 미국인 물리학자 아노 펜지어스와 로버트 윌슨은 매우 민감한 마이크로파 검파기를 시험하고 있었다(마이크로 파는 광파와 비슷하지만, 파장이 1센티미터 정도이다). 그들은 검파기에 정상 이상의 잡음이 잡히는 것 때문에 골머리를 앓고 있었다. 그들은 검파기에 묻은 새똥을 제거하기도 하고, 그 밖에 여러 원인들을 점검했지만, 잡음은 사라지지 않았다. 특이하게도 그 잡음은 지구가 자전하고 공전함에도 불구하고 1년 내내 밤낮으로 동일했다. 지구의 자전과 공전 때문에 검파기는 다양한 방향을 향하게 되므로, 펜지어스와 윌슨은 그 잡음이 태양계 너머에서 또 은하계 너머에서 온다고 결론을 내렸다. 따라서 그 잡음은 우주 속의 모든 방향에서 동일하게 오는 것처럼 보였다. 오늘날 우리는 우리가 어느 방향을 향하든 그 잡음이 매우 조금밖에 달라지지 않는다는 것을 알고 있다. 그렇게 펜지어스와 윌슨은 우주가 모든 방향에서 동일하게 보인다는 프리드만의 첫 번째 가정을 입증하는 놀라운 증거를 우연히 발견한 것이다.

그 우주 배경 잡음의 근원은 무엇일까? 펜지어스와 윌슨이 검파기의 잡음을 조사하고 있던 것과 거의 같은 시기에 인근 프린스턴 대학교에서 두 명의 미국인 물리학자 로버트 디키와 짐 피블스가 마이크로 파에 관심을 기울이고 있었다. 그들은 초기 우주가 매우 뜨겁고 밀도가 높으며 흰색으로 빛나고 있었다는 조지 가모브(가모브는 한때 프리드만의 제자였다)의 제안에 기초를 두고 연구하고 있었다. 디키와 피블스는 아주 멀리 떨어진 초기 우주의 한 부분에서 나온 빛이 이제야 우리에게 도달하고 있으므로, 우리가 오늘날에도 초기 우주의 빛을 볼 수 있다고 주장했다. 그러나 우주의 팽창 때문에 그 빛은 매우 심하게 적색편이되어 오늘날 우리에게 가시광선이 아니라 마이크로 파로 보일 것이다. 디키와 피블스가 그 마이크로 파를 발견하기 위해서 준비하고 있을 때, 펜지어스와 윌슨은 그들의 연구 소식을 전해들었고, 자신들이 그 마이크로 파를 이미 발견했음을 깨달았다. 펜지어스와 윌슨은 그 업적으로 1978년에 노벨 상을 받았다(가모브는 물론이고 디키와 피블스도 수상자 선정에 약간 불만을 품었을 것이다).

우리가 어느 방향을 보든 우주가 동일하게 보인다는 사실은 우주에서 우리의 위치가 특별하다는 것을 시사하는 것처럼 여겨질지도 모른다. 특히, 다른 은하들이 모두 우리에게서 멀어지고 있는 것을 관찰한다면, 우리가 우주의 중심에 있는 것처럼 생각될 수도 있다. 그러나 똑같은 현상을 다른 식으로 설명할 수 있다. 즉 우주는 다른 은하에서 보아도 모든 방향에서 동일하게 보일 것이라는 설명이 가능하다. 이미 언급했듯이 이것이 프리드만의 두 번째 가정이다.

우리는 그 두 번째 가정을 입증하거나 반증할 만한 과학적 증거를 가지고 있지 않다. 수백 년 전의 교회는 그 가정을 이단으로 판정했을 것이다. 왜냐하면 당시 교리에 따르면, 우리는 우주의 중심이라는 특별한 위치를 차지하고 있었기 때문이다. 그러나 오늘날 우리는 거의 정반대의 이유에서, 그러니까 일종의 겸손함에서 프리드만의 가정을 믿는다. 우리는 우주가 우리 주변의 모든 방향에서 동일하게 보이는 반면에 다른 곳 주변에서는 그렇게 보이지 않는다면 매우 이상하다고 느낄 것이다!

프리드만의 우주 모형에서 모든 은하들은 서로 멀어지고 있다. 그 상황은 많은 점들이 찍힌 풍선이 계속해서 부푸는 경우와 흡사하다. 풍선이 팽창하면서 임의의 두 점 사이의 거리는 늘어난다. 그러나 팽창의 중심이라고 부를 수 있는 점은 존재하지 않는다. 더 나아가서 풍선의 반지름이 계속 커지고, 풍선 위의 점들이 서로 더 멀어질수록 점들이 멀어지는 속도는 더 빨라질 것이다. 예를 들면, 풍선의 반지름이 1초 후에 두 배가 되었다고 가정해보자. 이전에 1센티미터 떨어져 있던 두 점은 이제 (풍선의 표면을 따라서 측정했을 때) 2센티미터 떨어져 있을 것이다. 따라서 두 점이 서로 멀어지는 속도는 초속 1센티미터이다. 한편 10센티미터 떨어져 있던 두 점은 이제 20센티미터 떨어져 있을 것이고, 따라서 두 점이 멀어지는 속도는 초속 10센티미터일 것이다. 이와 유사하게 프리드만 모형에서 임의의 두 은하가 서로 멀어지는 속도는 그 두 은하 사이의 거리에 비례한다. 따라서 프리드만은 은하계의 적색편이는 그 은하계가 우리로부터 떨어진 거리에 비례할 것이라고 예측했다. 그 예측은 허블이 발견한 것과 정확히 일치했다. 프리드만의 모형은 성공적이었고, 그의 예측은 허블의 관찰과 일치함에도 불구하고, 그의 연구는 1935년 미국의 물리학자 하워드 로버트슨과 영국의 수학자 아서 워커가 허블이 발견한 균일하게 팽창하는 우주에 맞는 모형을 발견하기까지 서구 세계에 거의 알려지지 않았다.

   프리드만은 한 가지의 우주 모형만 이끌어냈다. 그러나 만일 그의 두 가지 기본 가정들이 옳다면, 실제로 아인슈타인의 방정식에 대한 해는 세 종류가 가능하다. 다시 말해서 서로 다른 세 개의 프리드만 우주 모형이 가능하다. 마찬가지로 우주의 행동

팽창하는 풍선 우주 우주 팽창의 결과로 모든 은하들은 서로 멀어지고 있다. 시간이 흐르면, 부풀어오르는 풍선 위의 점들이 그러하듯이, 서로 가까이 있는 은하들의 거리보다 멀리 있는 은하들 사이의 거리가 더 많이 멀어진다. 그러므로 주어진 한 은하에 있는 관찰자에게는 멀리 있는 은하일수록 더 빠르게 멀어지는 것처럼 보인다.

방식도 세 가지가 가능하다.

(프리드만이 발견한) 첫 번째 종류의 해에서는 우주가 너무나 천천히 팽창하기 때문에 우주는 은하들 사이의 중력에 의해서 팽창이 느려지고 결국 멈추게 된다. 이어서 은하들은 서로를 향해서 다가가기 시작하고 우주는 수축한다. 두 번째 종류의 해에

서는, 우주가 매우 빠르게 팽창하기 때문에 우주는 중력에 의해서 팽창이 약간 느려지지만, 영원히 팽창이 멈추지 않는다. 마지막으로 세 번째 종류의 해에서는 우주가 수축을 면할 만큼만 빠른 속도로 팽창한다. 이때 은하들이 서로 멀어지는 속도는 점점 느려지지만, 영원히 제로에 도달하지는 않는다.

프리드만의 첫 번째 모형 — 첫 번째 종류의 해에 대응하는 모형 — 에서 특이한 점은 우주가 공간적으로 무한하지 않지만, 경계를 가지지는 않는다는 것이다. 중력이 너무나 강해서 공간은 휘어져 자기 자신과 만난다. 그것은 유한하면서 경계가 없는 지구 표면과 비슷하다. 지구 표면에서 특정한 방향으로 계속 나아가면 더 이상 나아갈 수 없는 장벽이나 절벽을 만나는 것이 아니라 결국 원래 있었던 곳으로 되돌아온다. 이 모형에서는 우주 공간도 이와 마찬가지이다. 다만 그 공간이 지구의 표면처럼 2차원이 아니라 3차원이라는 점만 다르다. 우주를 한 바퀴 돌아 제자리로 되돌아올 수 있다는 생각은 멋진 과학소설의 소재가 될 수 있겠지만, 실질적으로 큰 의미는 없다. 왜냐하면 우리가 우주를 한 바퀴 돌기 전에 우주가 제로의 크기로 완전히 수축하리라는 것을 증명할 수 있기 때문이다. 우주는 아주 크다. 우주가 종말에 이르기 전에 우주를 한 바퀴 돌아 제자리에 오려면 빛보다 더 빠르게 움직여야 한다 — 그것은 불가능한 일이다! 프리드만의 두 번째 모형에서 우주 공간은 다른 방식으로 휘어진다. 거시적인 규모의 기하학이 평평한 우주(물론 이 우주에서도 무거운 물체 근처의 공간은 휘어진다)를 기술하는 모형은 세 번째 프리드만 모형뿐이다.

우리의 우주를 기술하는 것은 몇 번째 프리드만 모형일까? 우주는 결국 팽창을 멈추고 수축하기 시작할까? 아니면 영원히 팽창할까?

이 질문에 대한 답은 처음에 과학자들이 생각한 것보다 더 복잡하다는 것이 밝혀졌다. 가장 기초적인 분석에 의하면 두 가지가 상황을 좌우한다. 현재의 우주 팽창속도와 우주 평균밀도(주어진 부피의 공간 속에 들어 있는 물질의 양)가 그것이다. 현재의 팽창속도가 더 빠를수록, 팽창을 멈추기 위해서 요구되는 중력은 더 커지고, 따라서 더 큰 물질밀도가 필요하다. 만일 평균밀도가 특정한 임계값(팽창속도에 의해서 결정된다)보다 크다면, 우주에 있는 물질의 중력이 우주를 팽창하지 못하게 하고 수축시키는 데에 성공할 것이다 —— 이것이 첫 번째 프리드만 모형이 기술하는 우주이다. 만일 평균밀도가 임계값보다 더 작다면, 팽창을 멈추게 할 중력이 부족해서 우주는 영원히 팽창할 것이다 —— 이것이 두 번째 프리드만 모형에 해당한다. 그리고 만일 우주의 평균밀도가 정확히 임계값과 같다면, 우주의 팽창속도는 계속 줄어들고 우주는 점차 정적인 상태에 접근하지만, 영원히 그런 상태에 도달하지는 못할 것이다 —— 이것이 세 번째 프리드만 모형에 해당한다.

세 모형들 중 어떤 것이 우리의 우주에 맞을까? 우리는 도플러 효과를 이용하여 다른 은하들이 우리로부터 멀어지는 속도를 측정함으로써, 현재의 우주 팽창속도를 알 수 있다. 그 계산은 매우 정확하게 이루어질 수 있다. 그러나 우리와 그 은하들까지의 거리는 정확히 알려져 있지 않다. 왜냐하면 오직 간접적으로만 그 거리를 측정할 수 있기 때문이다. 그래서 우리가 알고 있는 사실은 다만 우주가 10억 년마다 5퍼센트에서 10퍼센트씩 팽창하고 있다는 것뿐이다. 현재 우주의 평균밀도에 대해서 우리가 알고 있는 것은 훨씬 더 불확실하다. 그러나 우리가 우리 은하와 다른 은하들에서 볼 수 있는 모든 별들의 질량을 합해도, 그 전체 질량은 —— 우주의 팽창속도를 가장 작게 추정한다고 할지라도 —— 우주의 팽창을 멈추기 위해서 필요한 양의 100분의 1보다도 작다.

그러나 그것이 전부는 아니다. 우리의 은하와 다른 은하들에는 많은 양의 "암흑물질(dark matter)"이 있는 것이 확실하다. 우리는 그 물질을 직접 보지 못하지만, 은하들 속의 별들의 궤도에 영향을 미치는 암흑물질의 중력 때문에 그것이 존재하고 있으리라는 것을 알 수 있다. 암흑물질의 존재를 보여주는 가장 좋은 증거는 아마도 우리 은하와 같은 나선은하의 외곽에 있는 별들에서 얻을 수 있을 것이다. 그 별들은 너무나 빠른 속도로 회전하여 은하 속에서 관측된 별들의 중력만으로는 궤도를 유지하기가 어렵다. 뿐만 아니라 대부분의 은하들은 은하단을 이루어 나타난다. 우리는 은하단 속에 들어 있는 은하들 사이에 더 많은 암흑물질이 있어 은하들의 운동에 영향을 미친다고 추측할 수 있다. 실제로 우주에 있는 암흑물질의 양은 일반적인 물질의 양을 훨씬 능가한다. 그러나 이 암흑물질까지 전부 합하더라도, 우리는 여전히 팽창을 멈추기 위해서 필요한 물질의 양의 10분의 1밖에 얻을 수 없다. 하지만 또다른 형태의 암흑물질도 존재할 수 있다. 우리는 그런 암흑물질들을 아직 탐지하지 못했지만, 그것들은 우주 전체에 거의 균일하게 분포하면서 우주의 평균밀도를 훨씬 더 높이고 있을지도 모른다. 예를 들면, 이른바 중성미자(中性微子, neutrino)라는 기본입자가 있다. 그 입자는 물질과 매우 약하게 반응하므로 극도로 탐지하기 어렵다(최근에 있었던 중성미자 실험에는 5만 톤의 물이 채워진 지하의 탐지 장치가 동원되었다). 과거에 중성미자는 질량이 없고 따라서 중력을 가지지 않는다고 믿었다. 그러나 최근 몇 년 동안 이루어진 실험들은 중성미자가 과거에는 탐지되지 않은 매우 작은 질량을 가진다는 것을 보여준다. 만일 질량을 가진다면, 중성미자가 암흑물질의 한 종류일 가능성이 있다. 그러나 중성미자를 암흑물질로 본다고 하더라도, 우주에는 팽창을 멈추기 위해서 필요한 것보다 훨씬 더 적은 물질이 있는 것 같다. 따라서 최근까지 대부분의 물리학자들은 두 번째 프리드만 모형이 우리의 우주에 적절하다고 합의했다.

그러나 그 후 몇 가지 새로운 관측이 이루어졌다. 지난 몇 년 동안 여러 연구진들은 펜지어스와 윌슨이 발견한 마이크로 파 배경복사 속의 미세한 잔주름을 연구했다. 그 주름들의 크기는 거대 규모의 기하학적 우주를 알려주는 지표로 이용될 수 있다. 그리고 그 주름들은 우주가 (세 번째 프리드만 모형처럼) 평평하다는 것을 알려준다! 이러한 현상을 설명할 만큼 충분한 물질과 암흑물질이 존재하지 않는 듯하기 때문에, 물리학자들은 아직 탐지되지 않은 또다른 실체인 암흑 에너지(dark energy)의 존재를 상정했다.

최근에 이루어진 또다른 관측들은 문제를 더욱 복잡하게 만들었다. 그 관측들에 의하면, 우주의 팽창속도는 실제로 느려지는 것이 아니라 빨라지고 있다. 그것은 어떤 프리드만 모형과도 맞지 않는다! 또한 그것은 매우 이상한 일이다. 왜냐하면 밀도가 높든 낮든 공간 속의 물질은 오직 팽창속도를 떨어뜨릴 수만 있기 때문이다. 우리가 잘 알고 있듯이 중력은 인력이다. 우주의 팽창이 가속된다는 것은 폭탄이 폭발한 후에 힘이 약해지는 것이 아니라 오히려 힘을 더 얻는 것과 같다. 우주의 팽창을 가속시키는 힘은 무엇일까? 아직 아무도 확실히 알지 못하지만, 그 힘은 어쩌면 우주상수(그리고 그것의 반[反] 중력 효과)가 필요하다고 생각한 아인슈타인이 옳다는 증거인지도 모른다.

새로운 공학과 거대한 위성 탑재 망원경들의 도움으로 우리는 우주에 관한 새롭고 놀라운 사실들을 빠르게 배우고 있다. 현재 탄생 이후 오랜 시간이 지난 다음에 우주가 취하는 행동을 우리는 잘 알고 있다. 우주는 점점 더 빠른 속도로 팽창을 계속할 것이다. 적어도 블랙홀 속으로 뛰어들지 않는 조심스러운 사람들에게 시간은 계속 흘러갈 것이다. 그러나 최초의 시간은 어떠했을까? 우주는 어떻게 시작되었고, 무엇이 우주를 팽창시켰을까?

제8장
빅뱅, 블랙홀, 우주의 진화

프리드만의 첫 번째 우주 모형에서 네 번째 차원인 시간은 공간과 마찬가지로 유한하다. 시간은 양끝이 있는 선분과 같다. 즉 시간은 끝도 있고 시작도 있다. 실제로 우리가 관찰하는 만큼의 물질을 가진 우주를 나타내는 모든 아인슈타인 방정식의 해에는 매우 중요한 한 가지 공통점이 있다. 그것은 과거 한 시점(약 137억 년 전)에서는 인접한 은하계들 사이의 거리가 제로였다는 것이다. 다시 말해서 우주 전체가 한 점으로 응축되어 있어서 반지름이 제로인 구와 같았다. 그 당시 우주의 밀도와 시공의 곡률은 무한대였어야 한다. 그때가 바로 우리가 빅뱅(big bang)이라고 부르는 시기이다.

우리의 모든 우주론들은 시공이 매끄럽고 거의 평평하다는 가정 위에 구성되었다. 이는 우리의 모든 이론들이 빅뱅을 설명할 수 없음을 의미한다. 무한대의 곡률을 가진 시공을 거의 평평하다고 말할 수는 없으니까 말이다! 그러므로 빅뱅 이전에 사건들이 있었다고 할지라도, 우리가 빅뱅 이후에 일어난 일을 결정하는 데 그 사건들을 이용할 수는 없다. 왜냐하면 빅뱅의 시점에서 예측 가능성은 사라지기 때문이다.

마찬가지로 우리가 단지 빅뱅 이후의 사건들만 알고 있다면, 우리는 그것을 토대로 빅뱅 이전의 사건들을 추론할 수 없다. 적어도 우리에게는 빅뱅 이전의 사건들은 아무런 귀결을 가질 수 없으므로 과학적 우주론의 일부가 될 수 없다. 그러므로 우리는 우주 모형에서 빅뱅 이전의 사건들을 제외하고 빅뱅이 시간의 시작이었다고 말해야 한다. 이는 누가 빅뱅을 위한 조건들을 갖추어놓았을까? 같은 질문들이 과학이 다룰 질문이 아니라는 것을 의미한다.

우주의 크기가 제로일 때 무한대가 되는 또 하나는 온도이다. 빅뱅 시점에 우주는 무한히 뜨거웠을 것 같다. 우주가 팽창하면서 복사의 온도는 감소했다. 온도는 입자들의 평균 에너지 —— 혹은 속도 —— 를 나타내므로, 우주가 차가워지는 것은 우주 속의 물질에 큰 영향을 미쳤을 것이다. 매우 높은 온도에서 입자들은 핵력이나 전자기력이라고 하는 입자들 간에 작용하는 인력에서 벗어날 정도로 빠르게 움직인다. 그러나 온도가 낮아지면, 우리들은 입자들이 이들 인력으로 서로 끌어당겨 응집을 시작할 것이라고 기대할 수 있다. 사실상 우주 속에 현존하는 입자들의 유형은 현재의 우주의 온도에 따른 것이고 우주의 현재의 온도는 우주의 나이에 의해서 결정된다. 따라서 어떤 입자가 존재하는가 하는 것은 나이에 의한 것이라고도 할 수 있다.

아리스토텔레스는 물질이 입자들로 이루어졌다고 믿지 않았다. 그는 물질이 연속적이라고 믿었다. 즉 그에 따르면, 물질은 점점 더 작은 조각들로 무한히 나눌 수 있다. 더 이상 나눌 수 없는 물질 알갱이에 도달하는 일은 일어나지 않는다. 그러나 데모크리토스를 비롯한 몇몇 그리스 인들은 물질이 본질적으로 입자의 성질을 가지고 있고, 모든 것들은 매우 다양한 종류의 원자들이 무수히 모여 만들어진 것이라고 주장했다(원자, 즉 atom은 그리스어로 "나눌 수 없음"을 뜻한다). 오늘날 우리는 그들의 생각이 옳았음을 안다 ── 최소한 우리 주변에서는, 그리고 우주의 현 상태에서는 그들이 옳다. 그러나 우리 우주에 원자들이 항상 존재했던 것은 아니다. 우리가 아는 원자들은 더 나눌 수 있으며, 우주에 있는 다양한 종류의 입자들 중 한 종류에 불과할 뿐이다.

원자는 더 작은 입자들, 즉 전자, 양성자, 그리고 중성자로 이루어진다. 양성자와 중성자 역시 쿼크라는 더욱 작은 입자로 구성된다. 더 나아가서 이 각각의 원자 구성 입자에 대응해서 반(反)입자가 존재한다. 반입자는 쌍을 이루는 짝 입자와 같은 질량을 가지지만, 전하와 기타 성질들은 반대이다. 예를 들면, 전자의 반입자인 양전자는 전자 전하의 반대인 양전하를 지닌다. 전체가 반입자로 이루어진 반(反)인간과 반(反)세계가 존재할 수 있다. 그러나 반입자와 입자가 만나면 둘은 소멸한다. 그러므로 만일 우리가 우리의 반(反)자기를 만난다면, 절대로 악수를 해서는 안 된다. 만일 악수를 하면 커다란 섬광이 일어나면서 우리와 우리의 반(反)자기는 사라지고 말 것이다!

빛 에너지는 또다른 형태의 입자로 나타난다. 그 입자는 질량이 없으며 광자(光子, photon)라고 불린다. 지구 근처에 있는 핵융합로인 태양은 지구에 광자를 공급하는 가장 큰 공급원이다. 태양은 또한 앞에서 언급한 중성미자(또한 반〔反〕중성미자)를 공급하는 거대한 원천이기도 하다. 그러나 이 극도로 가벼운 입자들은 물질과 거의 반응하지 않고, 따라서 매초 수십억 개씩 아무 영향도 주지 않은 채 우리를 관통한다. 물리학자들은 전부 합해서 수십 개의 기본입자(elementary particle)를 발견했다. 시간의 흐름 속에서 우주는 복잡한 진화를 거쳤고, 다양한 입자들 또한 진화했다. 그 진화가 지구와 같은 행성들과 우리와 같은 존재들이 존재할 수 있도록 만들었다.

빅뱅이 일어난 1초 후에 우주는 충분히 팽창하여 온도가 섭씨 약 100억 도로 낮아졌을 것이다. 그 온도는 태양 중심 온도의 약 1,000배이며, 수소폭탄이 폭발할 때 도달되는 온도이다. 그 당시 우주에는 대부분 광자, 전자, 중성미자, 그리고 그것들의 반입자들과 약간의 양성자와 중성자가 있었을 것이다. 그 입자들은 매우 많은 에너지를 가지고 있어서 서로 충돌할 때 많은 다양한 입자/반입자 쌍을 산출했을 것이다. 예를 들면, 서로 충돌하는 광자들은 전자와 전자의 반입자, 즉 양전자를 산출했을 것이다. 그렇게 새로 산출된 입자들 중 일부는 반입자와 만나서 소멸했을 것이다. 전자가 양전자와 만나면, 둘은 항상 소

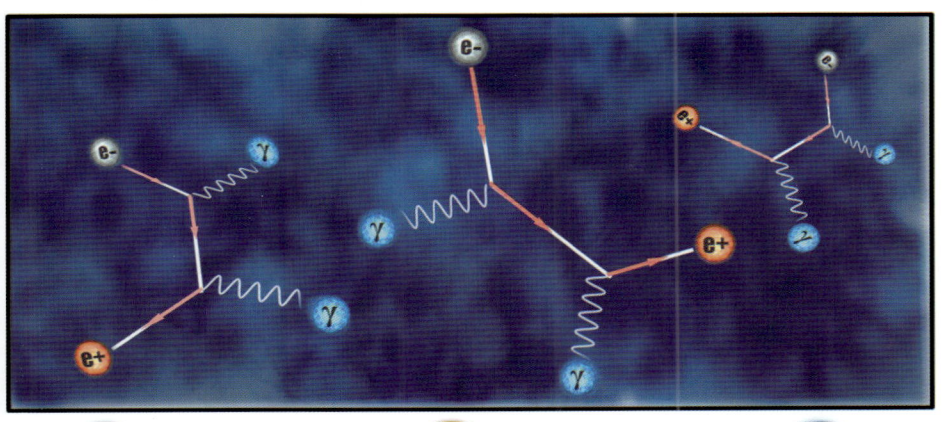

 전자    양전자   광자

광자/전자/양전자의 평형 초기의 우주에서는 전자와 양전자가 충돌하여 광자를 방출하는 과정과 그 역과정이 균형을 이루고 있었다. 우주의 온도가 낮아지면서 평형은 광자 방출을 증가시키는 방향으로 변화했다. 결국 우주 속의 전자와 양전자 대부분이 소멸했기 때문에 오늘날에는 상대적으로 적은 수의 전자들만 남았다.

멸한다. 그러나 반대 방향의 과정은 쉽게 일어나지 않는다. 광자 같은 질량이 없는 입자들이 전자와 양전자 같은 입자/반입자 쌍을 만들어내려면, 충돌하는 질량이 없는 입자들이 최소한의 에너지를 가지고 있어야 한다. 왜냐하면 전자와 양전자는 질량을 가지고 있고, 그 새로운 질량은 충돌하는 입자들에서 나와야 하기 때문이다. 우주가 더 팽창하고 온도가 더 낮아지면서 전자/양전자 쌍을 산출할 수 있는 높은 에너지를 가진 충돌은 더 드물게 일어나고 입자/반입자 쌍의 소멸이 더 자주 일어나게 되었을 것이다. 따라서 대부분의 전자와 양전자가 소멸하면서 광자들이 산출되고 비교적 소수의 전자들만 남았을 것이다. 한편 중성미자와 반중성미자는 서로 혹은 다른 입자들과 매우 약하게 반응하므로 빠르게 소멸하지 않았을 것이다. 그러므로 중성미자와 반중성미자는 오늘날에도 여전히 우리 주위에 존재할 것이다. 우리가 그 입자들을 관측할 수 있다면, 우주의 초기 단계가 매우 뜨거웠을 것이라는 우리의 생각을 검증할 수 있는 좋은 자료를 얻게 될 것이다. 그러나 불행하게도 수십억 년이 흐른 지금 그 입자들의 에너지는 너무나 낮아서 우리가 직접 관측하기는 어려울 듯하다(그러나 그 입자들을 간접적으로 탐지할 가능성은 있다).

빅뱅이 일어난 지 약 100초 후에 우주의 온도는 가장 뜨거운 별의 내부 온도인 10억 도로 낮아졌을 것이다. 그 온도에서는 강한 핵력이라는 힘이 중요한 역할을 했을 것이다. 제11장에서 더 자세히 논하게 될 강한 핵력은 양성자와 중성자를 묶어 핵을 형성하게 만드는 근거리 인력이다. 충분히 높은 온도에서는 양성자와 중성자가 큰 운동에너지를 가지기 때문에(제5장 참조) 충돌 후에도 여전히 독립적으로 자유롭게 튕겨져 나올 수 있다. 그러나 100억 도에서는 양성자와 중성자의 에너지가 강한 핵력의 인력을 극복할 만큼 충분히 크지 않았고, 따라서 이들의 결합에 의해서 중수소(무거운 수소) 핵이 형성되기 시작했을 것이다. 중수소 핵은 양성자 한 개와 중성자 한 개로 이루어진다. 그런 다음 중수소 원자의 핵은 더 많은 양성자 및 중성자와 결합하여 양성자 두 개와 중성자 두 개로 이루어진 헬륨

(helium) 핵을 형성하고, 또 리튬(lithium)과 베릴륨(beryllium) 같은 몇 가지 더 무거운 원소들을 소량으로 형성했을 것이다. 뜨거운 빅뱅 모형을 근거로 계산해보면, 양성자와 중성자의 4분의 1이 헬륨 핵과 그 밖에 소량의 중수소와 기타 원소들로 바뀌었다는 결론이 나온다. 남아 있는 중성자들은 붕괴하여 양성자가 되었을 것이다. 그 양성자가 일반 수소 원자의 원자핵이다.

우주의 뜨거운 초기 단계에 대한 상(像)은 과학자 조지 가모브(91쪽 참조)가 그의 제자 랠프 앨퍼와 함께 1948년에 쓴 유명한 논문에서 처음 제시되었다. 뛰어난 유머 감각의 소유자인 가모브는 핵물리학자 한스 베테를 설득하여 논문의 저자명에 그의 이름도 포함시켰다. 그리하여 논문의 저자명은 그리스어 알파벳의 처음 세 철자인 알파, 베타, 감마와 유사하게 앨퍼, 베테, 가모브가 되었다. 그것은 우주의 기원에 관한 논문에 매우 잘 어울리는 저자명이었다! 이 논문에서 저자들은 매우 뜨거운 우주의 초기 단계의 복사파가 (광자의 형태로) 오늘날 우리 주위에 남아 있지만, 그 복사파의 온도는 절대온도 0도보다 약간 더 높을 것이라는 놀라운 예측을 했다(절대온도 0도, 즉 섭씨 -273도는 물질이 열에너지를 가지지 않는 온도이며, 따라서 가능한 최저 온도이다).

그 복사파가 바로 1965년에 펜지어스와 윌슨이 발견한 마이크로파 복사이다. 앨퍼, 베테, 가모브가 논문을 쓸 당시에는 양성자와 중성자의 핵반응에 대해서 많은 것이 알려져 있지 않았다. 그러므로 초기 우주에 있었던 다양한 원소들의 비율에 대한 그들의 예측은 상당히 부정확했다. 그러나 그 계산은 더 나은 지식에 비추어 여러 차례 개선되었고, 오늘날에는 우리가 관측하는 것과 매우 잘 일치하는 결과에 도달했다. 우주 질량의 약 4분의 1이 헬륨의 형태로 존재하는 이유를 다른 방법으로 설명하기는 매우 어렵다.

그러나 앨퍼, 베테, 가모브의 이론에는 문제점들이 있다. 뜨거운 빅뱅 모형에서는 초기 우주에서 열이 한 영역에서 다른 영역으로 흐를 충분한 시간이 없었다. 이것은 우리가 관측하는 모든 방향에서 마이크로 파 배경복사가 동일한 온도를 가진다는 것을 설명하기 위해서는, 우주의 초기 상태에서 모든 곳이 정확히 같은 온도였어야만 함을 의미한다. 더욱이 초기 팽창률이 오늘날에도 우주가 수축을 면하기 위해서 필요한 임계값에 아주 근접한 팽창률을 가질 수 있도록 매우 정확한 값을 가졌어야 한다. 우리와 같은 존재를 창조하려고 의도한 신의 행위가 아니었다면, 우주가 왜 이렇게 시작되었는지를 설명하기는 매우 어렵다. 다양한 초기 조건들이 현재의 우주와 같은 상태로 진화한 것을 설명하는 모형을 찾는 노력 속에서 매사추세츠 공과대학(MIT)의 과학자 앨런 구스는 초기 우주가 극도로 빠른 팽창 시기를 거쳤을지도 모른다는 주장을 했다. 이 팽창을 인플레이션 팽창이라고 하며, 인플레이션의 의미는 당시 우주가 점점 더 빨라지는 속도로 팽창했다는 의미이다. 구스에 따르면, 우주의 반지름은 매우 짧은 시간 동안 100만의 100만 배의 100만 배의 100만 배의 100만 배 —— 1 뒤에 0이 30개 붙는 수이다

── 로 증가했다. 우주에 있던 불규칙성들은 마치 풍선이 팽창하면서 주름이 펴지듯이 팽창 과정에서 사라졌을 것이다. 이런 방식으로 인플레이션 이론은 다양한 비균질적인 초기 상태로부터 현재의 균질적인 우주가 어떻게 진화할 수 있었는지를 설명한다. 따라서 우리는 최소한 빅뱅 10억 분의 1조 분의 1조 분의 1초 이후에 대해서는 꽤 확실히 알고 있다고 믿는다.

이 최초의 모든 격변이 지나고 빅뱅 이후 수 시간 이내에 헬륨과 그밖의 리튬과 같은 몇 가지 원소들의 산출이 완료되었을 것이다. 그 후 약 100만 년 동안 우주는 특별한 일 없이 계속 팽창했을 것이다. 마침내 온도가 수천 도로 떨어지자 전자들과 원자핵들은 상호간의 전자기력을 극복할 만큼의 충분한 운동 에너지를 가지지 못함으로써 서로 결합하여 원자를 이루었을 것이다. 전체적으로 우주는 계속해서 팽창했지만, 평균보다 약간 밀도가 높은 구역들에서는 중력으로 인해서 팽창의 속도가 느려졌을 것이다.

그 중력이 결국 일부 구역에서 팽창을 멈추게 하고 재수축이 일어나도록 만들었을 것이다. 수축하는 구역들은 그 구역들 외부에 있는 물질의 중력으로 인해서 느리게 회전하기 시작했을 것이다. 수축하는 구역들이 더 작아지면서 회전은 더 빨라졌을 것이다 ── 빙판 위에서 회전하는 스케이트 선수가 팔을 오므릴 때 회전이 더 빨라지는 것처럼 말이다. 마침내 구역들이 더 작아지고 회전이 중력과 균형을 이룰 정도로 빨라지면서 원반 모양의 회전하는 은하들이 탄생했을 것이다. 회전을 시작하지 않은 다른 구역들은 타원은하라고 불리는 달걀 모양의 천체가 되었을 것이다. 이 은하들에서는 은하의 각 부분들은 은하의 중심을 안정적으로 공전하기 때문에 수축을 멈추지만, 은하 전체는 회전하지 않을 것이다.

시간이 흐르면서 은하 속의 수소 기체와 헬륨 기체는 자기 자신의 중력으로 인해서 수축하는 작은 분자 구름들을 형성했을 것이다. 그 구름들이 수축하고 그 속에 있는 원자들이 충돌하면서 기체의 온도가 상승하여 마침내 핵융합반응이 시작될 정도로 뜨거워졌을 것이다. 핵융합반응에 의해서 수소가 더 많은 헬륨으로 바뀌었을 것이다. 별이 빛나는 것은 마치 제어된 수소폭탄의 폭발과도 같은 그 반응으로부터 방출되는 열 때문이다. 이 추가적인 열은 중력과 균형을 이룰 때까지 기체의 압력을 증가시키고, 결국 기체의 수축은 멈추게 된다. 이런 방식으로 기체 구름들이 뭉쳐 우리의 태양처럼 수소를 태워 헬륨을 만들고, 산출되는 에너지를 빛과 열로 방출하는 별들이 만들어진다. 별은 어떤 측면에서 풍선과 유사하다 — 풍선에서도 풍선을 팽창시키는 내부 공기의 압력과 풍선을 수축시키는 고무의 장력(張力)이 균형을 이룬다.

뜨거운 기체 구름이 뭉쳐 별이 생성된 이후, 별들은 오랫동안 핵반응에서 나오는 열이 중력과 균형을 이룬 채로 안정적인 상태를 유지한다. 그러나 결국 별은 수소와 기타 연료들을 모두 소모하게 된다. 역설적이게도 처음에 더 많은 연료를 가지고 출발한 별이 더 먼저 소진하기에 이른다. 왜냐하면 더 무거운 별일수록 중력과 균형을 이루기 위해서 더 뜨거워져야 하기 때문이다. 별이 뜨거울수록 핵융합반응은 더 빨리 일어나고 별은 더 빨리 연료를 소진하게 된다. 우리의 태양은 아마도 앞으로 50억 년 동안 사용할 연료를 가지고 있는 것 같다. 그러나 태양보다 더 무거운 별들은 우주의 나이보다 훨씬 더 짧은 시간인 수억 년 만에 연료를 소진할 수도 있다.

연료를 소진한 별은 냉각되고 중력에 의해서 수축하기 시작한다. 그 수축에 의해서 원자들이 찌그러지고, 그 때문에 온도가 다시 상승하기 시작한다. 수축하는 별이 더 뜨거워지면, 헬륨이 탄소나 산소 같은 더 무거운 원소들로 변환되기 시작한다. 그러나 그로 인해서 방출되는 에너지는 그다지 많지 않고, 따라서 한계상황에 도달하게 된다. 그 후에 일어나는 일은 확실히 밝혀지지 않았지만, 별의 중심 구역들이 블랙홀과 같은 매우 밀도가 높은 상태로 붕괴하는 것으로 보인다. "블랙홀(black hall)"이라는 용어는 매우 최근에 탄생했다. 그 용어는 1969년 미국 과학자 존 휠러가 최소한 200년 전으로 거슬러올라가는 어떤 생각을 생생하게 기술하려고 만들어냈다. 그 당시, 빛에 관해서는 두 가지 이론이 있었다. 한 가지는 뉴턴이 선택한 이론으로 빛이 입자들로 이루어졌다는 것이었다. 또다른 이론은 빛이 파동으로 이루어졌다는 것이었다. 오늘날 우리는 그 두 이론이 모두 옳다는 것을 안다. 우리가 제9장에서 보게 되겠지만, 양자역학의 파동/입자 이중성(wave particle duality of quantum mechanics)으로 인해서 빛은 파동이면서 동시에 입자로 간주될 수 있다. 파동과 입자는 인간이 만든 개념이다. 자연이 반드시 그 개념들에 맞게 분류되어야 하는 것은 아니다.

빛이 파동으로 이루어졌다는 이론에서는 빛이 중력에 어떻게 반응하는지가 불분명했다. 그러나 우리가 만일 빛이 입자로 이루어졌다고 생각한다면, 그 입자들이 포탄이나 로켓이나 행성과 마찬가지로 중력의 영향을 받을 것이라고 예상할 수 있다. 특히, 우리가 지구의 표면에서 —— 혹은 어떤 별에서 —— 위쪽으로 포탄을 쏘아올리면, 그것의 처음 속도가 어떤 특정한 값을 초과하지 않는 한, 포탄은 —— 87쪽에서 언급한 로켓처럼 —— 결국 정지한 다음에 떨어진다. 이 최소한의 속도를 탈출속도(escape velocity)라고 부른다. 별의 탈출속도는 그 별의 중력에 의존한다. 별이 무거울수록 탈출속도는 그만큼 더 커진다. 처음에 사람들은 빛의 입자가 무한히 빠른 속도로 움직이며, 따라서 중력이 빛 입자의 속도를 감소시킬 수 없을 것이라고 생각했다. 그러나 빛이 유한한 속도로 움직인다는 뢰머의 발견은 중력이 빛에 중요한 영향을 미칠 수도 있음을 의미했다. 만일 별이 충분히 무겁다면, 빛의 속도는 별의 탈출속도보다 더 작을 것이고, 별이 방출하는 모든 빛은 별 속으로 다시 떨어질 것이다. 이 가정에 입각하여, 케임브리지 대학교의 학감이었던 존 미첼은 1783년 『런던 왕립학회 철학회보』에 한 논문을 발표했다. 그 논문에서 그는 충분히 무겁고 밀도가 높은 별은 빛이 빠져나갈 수 없는 강력한 중력장을 가질 것이고, 그 별의 표면에서 방출되는 모든 빛은 멀리 가기 전에 그 별의 중력에 의해서 다

탈출속도 이상의 포탄과 이하의 포탄 올라간 것이라고 해서 반드시 내려오는 것은 아니다. 탈출속도보다 더 빠르게 발사한 포탄은 내려오지 않는다.

시 끌려들어갈 것이라고 주장했다. 오늘날 우리는 그런 천체를 블랙홀이라고 부른다. 그러한 명칭은 그 천체가 공간 속의 검은 구멍이기 때문에 붙여졌다.

몇 년 후에 미첼의 견해와는 명백히 독자적으로, 프랑스의 과학자 라플라스 후작에 의해서 비슷한 주장이 제기되었다. 흥미로운 것은, 라플라스가 이 주장을 그의 저서 『세계의 체계』의 제1판과 제2판에만 포함시켰고, 후속 판들에서는 삭제시켰다는 사실이다. 아마 그는 그것이 무리한 생각이라고 판단했던 것 같다. 빛의 입자설은 19세기에 점차 지지를 잃게 되었다. 왜냐하면 모든 것을 파동설을 이용해서 설명할 수 있는 것처럼 보였기 때문이다. 실제로, 빛의 속도가 유한하다고 해서 빛을 뉴턴의 중력이론에서의 포탄처럼 다루는 것은 사실상 옳지 않다. 지구에서 위로 쏘아올린 포탄은 중력에 의해서 속도가 줄어들다가 결국 멈추고 다시 떨어질 것이다. 반면에 광자는 일정한 속도로 계속해서 위로 움직일 것이다. 중력이 빛에 미치는 영향에 대한 일관된 이론은 1915년 아인슈타인이 일반상대성이론을 제시함으로써 비로소 등장했다. 무거운 별에서 무슨 일이 일어날 것인가를 일반상대성이론에 의거해서 이해하는 문제는 1939년 젊은 미국인 과학자 로버트 오펜하이머가 처음으로 해결했다.

오늘날 우리가 오펜하이머의 연구로부터 얻은 상(像)은 다음과 같다. 별의 중력장은 근처를 지나가는 광선의 시공에서의 경로를 별이 존재하지 않았던 때의 경로로부터 변화시킨다. 이것은 일식이 진행되는 동안 관측되는 먼 별빛의 휘어짐에서 볼 수 있는 효과이다. 빛이 공간과 시간에서 거치는 경로는 별의 표면 근처에서 약간 안으로 휘어진다. 별이 수축함에 따라서 별의 밀도는 더 높아지고, 별의 표면에서의 중력장은 더 강해진다(우리는 별의 중심에 있는 한 점에서 중력장이 나온다고 생각할 수 있다. 별이 수축하면 표면의 점들은 중심에 더 가까워진다. 따라서 그 점들은 더 강한 중력장의 작용을 받게 된다). 더 강한 중력장은 표면 근처의 빛의 경로를 더 크게 휘어지도록 한다. 결국 별이 특정한 임계 반경으로 수축하면, 표면에서의 중력장이 너무 강해져서 빛이 빠져나갈 수 없을 정도로 빛의 경로가 그 점 안쪽으로 휘어진다.

상대성이론에 따르면, 어떤 것도 빛보다 빠르게 움직일 수 없다. 따라서 빛이 빠져나갈 수 없다면, 그밖의 다른 무엇도 마찬가지이다. 모든 것이 중력장에 의해서 다시 끌어당겨진다. 붕괴한 별은 자기 주위에, 그곳을 탈출하여 먼 관측자에게 도달하는 것이 불가능한 시공 영역을 형성한다. 그 영역이 블랙홀이다. 블랙홀의 외부 경계는 사건지평(event horizon)이라고 한다. 오늘날 우리는 가시광선이 아니라 X선과 감마선을 탐지하는 허블 우주 망원경과 같은 망원경 덕분에 블랙홀이 흔히 있는 현상이라는 것을 알게 되었다. 블랙홀은 처음에 사람들이 생각한 것보다 훨씬 더 흔하게 나타난다. 한 인공위성은 하늘의 작은 영역 하나에서만 1,500개의 블랙홀을 발견했다. 우리는 또한 우리 은하의 중심에서 질량이 태양의 100만 배 이상인 블랙홀을 발견했다. 그 초대형 블랙홀 주위에는 광속의 약 2퍼센트 속도로 블랙홀을 공전하는 별이 있다. 그 속도는 원자 속에서 핵을 공전하는 전자의 평균속도보다 더 빠르다!

만일 우리가 거대한 별이 붕괴하여 블랙홀을 형성하는 것을 관찰한다면, 눈에 보이는 것을 이해하기 위해서는, 상대성이론에서는 절대적인 시간이 존재하지 않는다는 것을 기억할 필요가 있다. 다시 말해서 각각의 관찰자가 그 자신의 시간 척도를 가진다는 것이다. 별의 표면에 있는 사람에 대한 시간의 경과는 먼 곳에 있는 사람에 대한 시간의 경과와 다를 것이다. 왜냐하면 별의 표면에서는 중력장이 더 강하기 때문이다.

　용감한 우주인이 붕괴하는 별의 표면에 머물게 되었다고 상상해보자. 그의 시계로 어떤 시각에, 이를테면 11:00:00초에 별은 임계 반경 이하로 수축하며, 그 임계 반경 내에서는 중력장이 너무 강해서 아무것도 밖으로 빠져나가지 못한다. 그런데 그 우주인의 임무는 그의 시계를 기준으로 1초마다 별의 중심으로부터 일정한 거리만큼 떨어진 궤도를 도는 우주선으로 신호를 보내는 것이다. 그는 10:59:58초, 즉 11:00:00초의 2초 전에 신호를 보내기 시작한다. 우주선에 있는 그의 동료들은 어떤 신호를 받게 될까?

　우리는 앞에서 우주선에 관한 사고실험을 통해서 중력이 시간을 지연시키고, 중력이 더 강할수록 그 지연 효과가 더 크다는 것을 배웠다. 별의 표면에 있는 우주인은 궤도에 있는 그의 동료들보다 더 강한 중력장 속에 있다. 그러므로 그에게 1초는 동료들의 시계를 기준으로 하면 1초 이상이 될 것이다. 또한 그는 별의 수축과 함께 점점 별의 중심에 접근하게 되므로, 그가 경험하는 중력장은 점점 더 커질 것이다. 그러므로 그가 보내는 신호들 사이의 시간 간격은 우주선에 있는 동료들에게는 점점 더 길어지는 것으로 관찰될 것이다. 10:59:59초 이전에는 이렇게 시간이 길어지는 효과가 매우 작을 것이다. 즉 궤도에 있는 동료들은 우주인이 그의 시계를 기준으로 10:59:58초에 보낸 신호를 받고 1초보다 약간 더 기다리면 그 우주인이 그의 시계를 기준으로 10:59:59초에 보낸 신호를 받을 것이다. 그러나 동료들은 우주인이 11:00:00초에 보낸 신호를 받으려면 영원히 기다려야 할 것이다.

(별에 있는 우주인의 시계를 기준으로) 10:59:59초에서 11:00:00초 사이에 별의 표면에서 일어나는 모든 일은, 우주선에 있는 동료들이 보기에는, 시간적으로 무한히 확대될 것이다. 11:00:00초가 다가오면, 별에 있는 우주인으로부터의 신호와 똑같이 별에서 나오는 빛의 마루와 골이 연속적으로 도착하는 시간 간격은 점점 더 길어질 것이다. 1초 동안에 도착하는 마루와 골의 수는 빛의 진동수를 나타내므로, 우주선에 있는 동료들에게 별에서 오는 빛의 진동수는 계속 줄어들 것이다. 따라서 빛은 점점 더 붉어질 것이다(또한 점점 더 약해질 것이다). 결국 별은 매우 희미해져서 더 이상 우주선에서 볼 수 없게 될 것이다. 그리고 남아 있는 것은 공간 속의 검은 구멍〔블랙홀〕뿐일 것이다. 그러나 별은 우주선에 여전히 동일한 중력을 미칠 것이므로, 우주선은 계속해서 궤도운동을 할 것이다.

그러나 이 시나리오에는 다음과 같은 문제가 있기 때문에 완전히 비현실적이다. 별에서 멀어질수록 중력은 그만큼 더 약해진다. 그러므로 우리의 용감한 우주인의 발에 미치는 중력은 그의 머리에 미치는 중력보다 항상 더 클 것이다. 이러한 중력의 차이 때문에 별이 수축하여 사건지평이 형성되는 임계 반경에 도달하기 전에 그는 국수가락처럼 늘어나거나 찢어지게 될 것이다. 그러나 우리는 은하의 중심부와 같은 곳에는 훨씬 더 큰 천체들이 있을 것이라고 믿는다. 그 천체들도 중력붕괴를 거쳐

블랙홀을 형성할 수 있다. 그런 천체의 표면에 있는 우주인은 블랙홀이 형성되기 전에 찢어지지는 않을 것이다. 사실상 그는 아무 특별한 느낌 없이 임계 반경에 도달하고, 자신도 모르는 사이에 돌아올 수 없는 지점을 통과할 것이다. 그러나 외부에 있는 사람들에게는, 그가 보내는 신호들의 간격이 점점 더 길어지다가 결국 멈출 것이다. 그리고 붕괴가 계속되면서 불과 몇 시간 내에(우주인의 시계를 기준으로) 우주인의 머리와 발에 미치는 중력의 차이는 그가 찢어질 만큼 충분히 커질 것이다.

매우 큰 질량의 별이 붕괴할 때, 때때로 그 별의 외부 영역도 이른바 초신성(超新星, supernova)이라고 하는 엄청난 폭발이 일어남으로써 부풀어오른다. 초신성 폭발은 매우 거대해서 은하 전체를 합한 것보다 더 많은 빛을 발할 수도 있다. 그 한 예는 게 성운(Crab Nebula)에서 우리가 그 잔해를 볼 수 있는 초신성이다. 중국인들은 1054년에 그 초신성을 기록했다. 폭발한 별은 5,000광년 떨어진 곳에 있었지만, 수개월 동안 육안으로 볼 수 있었는데, 낮에도 보였고 밤에는 그 빛으로 책을 읽을 수 있을 만큼 밝았다. 그것보다 10배 가까운 500광년 떨어진 초신성은 100배 더 밝을 것이고, 말 그대로 밤을 대낮처럼 밝힐 것이다. 초신성 폭발의 위력이 어느 정도인지 가늠하려면, 심지어 태양보다 수천만 배 먼 곳에 있는 초신성의 빛도 태양(우리의 태양은 8광분 떨어진 아주 가까운 곳에 있다)과 경쟁할 수 있다고 생각하면 된다. 만일 초신성 폭발이 가까운 곳에서 일어난다면 지구는 파괴되지 않더라도 초신성의 복사파에 의해서 모든

중력의 차이 중력은 거리가 멀어질수록 그만큼 더 약해지기 때문에 머리보다도 지구의 중심에 1-2미터 더 가까운 발에 더 강하게 작용한다. 그 차이는 우리가 느낄 수 없을 만큼 미세하지만, 블랙홀 표면 가까이에 있는 우주인은 문자 그대로 몸이 찢어져버릴 것이다.

생물이 사라질 수 있다. 실제로 최근에 제기된 한 주장에 의하면, 200만 년 전인 플라이스토세와 플라이오세의 전환기에 일어난 수중생물들의 멸종은 지구 근처의 전갈좌-켄타우로스 좌 성단 속의 초신성에서 나온 우주 복사선 때문이라고 한다. 일부

과학자들은 은하계 속에서 별들이 너무 많이 밀집되지 않은 구역들 —— "생명 구역(Zone of life)" —— 에서만 고등생물이 진화할 가능성이 있다고 믿는다. 왜냐하면 별들이 밀집한 영역에서는 초신성 폭발과 같은 현상들이 자주 일어나서 진화하기 시작한 생물들을 수시로 멸종시킬 것이기 때문이다. 우주 전체에서는 평균적으로 하루에 수십만 개의 초신성들이 폭발한다. 한 은하 속에서 일어나는 초신성 폭발은 100년쯤에 한 번꼴이다. 그러나 이것은 평균적인 수치이다. 불행하게도 —— 적어도 천문학자들에게는 —— 우리의 은하에서 최후로 기록된 초신성 폭발은 망원경이 발명되기 전인 1604년에 일어났다.

우리의 은하에서 다음번 초신성 폭발을 일으킬 것으로 기대되는 별은 카시오페이아 좌(座)의 로 성(星)이다. 다행스럽게도 그 별은 우리에게서 1만 광년 떨어진 곳에 있는데, 우리의 은하에 존재하는 것으로 알려진 7개의 황색 극대거성(hypergiant : 초거성〔supergiant〕보다 더 크다/역주) 중 하나이다. 국제적인 천문학자 팀이 1993년부터 그 별을 연구하기 시작했다. 수년 동안의 관찰을 통해서 천문학자들은 그 별이 주기적으로 수백 도의 온도 변화를 겪는다는 사실을 발견했다. 그 후 2000년 여름에 그 별의 온도는 섭씨 약 7,000도에서 4,000도로 갑자기 떨어졌다. 같은 시기에 학자들은 그 별의 대기에서 산화티타늄을 검출했다. 학자들은 그것이 거대한 충격파로 인해서 별에서 떨어져 나온 표면층의 일부라고 믿는다.

초신성 폭발 직전에 생성되는 무거운 원소들 중 일부는 은하

속의 기체 구름 속으로 다시 방출되어 다음 세대의 별들을 구성하는 재료가 된다. 우리의 태양은 그런 무거운 원소들을 약 2퍼센트 포함하고 있다. 우리의 태양은 약 50억 년 전, 전에 있었던 초신성의 방출물을 포함하고 있는 회전하는 기체 구름으로부터 형성된 제2세대 혹은 제3세대 항성이다. 그 기체 구름 속의 기체는 대부분 태양을 형성하는 데에 쓰였거나 공간 속으로 멀리 흩어졌다. 그러나 무거운 원소들 중 일부는 모여들어 태양을 공전하는 행성들을 형성했다. 우리의 금고 속에 있는 금과 원자로 속에 있는 우라늄은 우리의 태양계가 탄생하기 전에 일어난 초신성 폭발의 잔재이다!

최초의 응축 당시의 지구는 매우 뜨거웠고 대기는 없었다. 시간이 흐르면서 지구는 더 차가워졌고, 암석에서 방출되는 기체들로 인해서 대기가 형성되었다. 초기의 대기는 생명이 살기에 적합하지 않았다. 그 대기 속에는 산소가 없었지만, 썩은 달걀 냄새의 원인인 황화수소와 같은 우리에게 해로운 많은 기체들이 있었다. 그러나 그런 조건에서 번성할 수 있는 원시적인 형태의 생물들이 있었다. 그것들은 아마도 원자들이 우연히 거대분자라는 커다란 구조물을 형성함으로써 대양에서 탄생했다고 생각된다. 그 구조물은 대양에 있는 다른 원자들을 모아 유사한 구조물들을 만들 수 있었다. 따라서 그 구조물들은 번식했을 것이다. 어떤 경우에는 번식에 차질이 생겼을 것이다. 그런 일이 생기면 대부분의 경우 거대분자가 번식하지 못하고 결국 파괴되었을 것이다. 그러나 드물게는 더 잘 번식하는 새로운 거대분자들이 생성되었을 것이다. 그 새로운 거대분자들은 보다 우월하여 점차 원래의 거대분자들을 대체했을 것이다. 이런 방식으로 진화 과정이 시작되고 점점 더 복잡한 자가번식하는 생명체들이 만들어졌을 것이다. 최초의 원시생물들은 황화수소를 비롯한 다양한 물질들을 소비하고 산소를 배출했다. 따라서 대기는 점차 현재와 같은 구성으로 바뀌었고, 어류와 파충류, 포유류, 그리고 마침내 인간과 같은 고등생물이 발전할 수 있었다.

20세기에 이르러 인류의 우주관은 변화했다. 우리는 우리의 행성이 광활한 우주 속에서 보잘것없는 존재라는 것을 깨달았고, 시간과 공간이 휘어져 있으며 서로 분리될 수 없음을 발견했으며, 우주가 팽창하고 있으며 탄생 시점을 가지고 있다는 것을 발견했다.

매우 뜨거운 상태에서 출발한 우주가 팽창하면서 차가워졌다는 생각은 아인슈타인의 일반상대성이론에 기초를 두고 있다. 오늘날 우리가 가진 모든 관찰 증거들이 이 생각과 일치한다는 것은 일반상대성이론에게는 대단한 성취가 아닐 수 없다. 그러나 수학이 무한을 제대로 다룰 수 없음을 생각할 때, 일반상대성이론이 우주가 빅뱅에서, 즉 우주의 밀도와 시공의 곡률이 무한대인 시점에서 시작되었다고 예측한다는 것은, 그 이론이 무너지는 지점이, 즉 무용지물이 되는 지점이 우주 속에 있다고 예측하는 것과 같다. 그 지점을 수학자들은 특이점(特異点, singularity)이라고 부른다. 한 이론이 무한대의 온도나 밀도나 곡률 같은 특이점을 예측한다는 것은 그 이론을 수정해야 한다는 신호이다. 일반상대성이론은 불완전한 이론이다. 왜냐하면 그 이론은 우주가 어떻게 시작되었는지 이야기하지 못하기 때문이다.

20세기는 또한 자연에 관한 또 하나의 위대한 부분 이론을 탄생시켰다. 그 부분 이론은 양자역학이다. 그 이론은 매우 작은 규모에서 일어나는 현상을 다룬다. 빅뱅에 대한 우리의 생각에 따르면, 우주는 매우 작아서 우주의 "거시 규모" 구조를 연구할 때조차도 양자역학적 미시 규모 효과를 무시할 수 없게 되는 시기가 우주 탄생의 매우 이른 초기에 있었음이 분명하다. 다음 장에서 우리는 우리의 가장 큰 희망이 무엇인지 알게 될 것이다. 그 희망은 일반상대성이론과 양자역학을 결합하여 단일한 양자중력이론(quantum theory of gravity)을 구성함으로써 우주를 처음부터 끝까지 완전히 이해하는 것이다. 양자중력이론에서는 평범한 과학법칙들이 시간의 시작점을 포함한 모든 지점에서 타당할 것이며, 어떤 특이점도 존재할 필요가 없을 것이다.

제9장
양자중력이론

과학이론들, 특히 뉴턴의 중력이론의 성공에 고무된 라플라스 후작은 19세기 초에 우주가 완전하게 결정되어 있다고 주장했다. 라플라스는 —— 최소한 원리적으로 —— 우주에서 일어날 수 있는 모든 일을 예측할 수 있도록 해주는 과학법칙들의 체계가 있다고 믿었다. 그 법칙들이 필요로 하는 유일한 입력(input)은 어느 한 시점에서 우주의 완전한 상태뿐이다. 그것을 초기조건(initial condition) 혹은 경계조건(boundary condition)이라고 부른다(경계는 시간이나 공간의 경계를 의미할 수 있다. 우주의 공간적인 경계조건 —— 우주에 경계가 있다면 —— 은 우주의 바깥 경계에서의 상태를 의미한다). 라플라스는 법칙들의 완전한 체계와 적당한 초기조건 혹은 경계조건에 기초를 두고 임의의 시점(時點)에서 우주의 완전한 상태를 계산할 수 있다고 믿었다.

초기조건의 필요성은 아마도 직관적으로 자명할 것이다. 현재의 상태가 다르면 당연히 미래의 상태가 달라질 테니까 말이다. 공간적인 경계조건이 필요하다는 것은 약간 더 이해하기 어렵지만, 원리는 동일하다. 물리학 이론의 기반이 되는 방정식들은 일반적으로 서로 매우 다른 해(解)들을 가질 수 있다. 그러므로 우리는 초기조건 혹은 경계조건에 의지해서 어떤 해가 옳은지 판단해야 한다. 그것은 우리의 은행계좌에서 많은 돈이 들어오고 나가는 상황과 흡사하다고 할 수 있다. 우리가 최종적으로 부유해질지 혹은 파산할지는 들어오고 나가는 돈의 양에만 의존하는 것이 아니라, 처음에 계좌에 얼마가 있었는지도, 즉 경계조건 혹은 초기조건에도 의존한다.

만일 라플라스가 옳다면, 그리고 현재의 우주 상태가 주어진다면, 물리학 법칙들은 우리에게 우주의 과거와 미래를 모두 말해줄 것이다. 예컨대 태양과 행성들의 위치와 속도가 주어지면, 우리는 뉴턴의 법칙들을 이용해서 임의의 과거와 미래 시점에서의 태양계의 상태를 계산할 수 있다. 행성들에 대해서는 결정론이 성립하는 것이 매우 명백해 보인다 —— 실제로 천문학자들은 일식과 같은 사건들을 매우 정확하게 예측한다. 그러나 라플라스는 한 걸음 더 나아가서 인간의 행동을 포함한 모든 것을 지배하는 결정론적인 법칙들이 있다고 믿었다.

정말로 과학자들은 우리의 모든 행동이 미래에 어떠할지 계산할 수 있을까? 한 컵의 물에는 10^{24}개 이상의 분자들이 들어 있다. 실질적으로 우리가 그 모든 분자 각각의 상태를 알 가능성은 없다. 우리가 우주의 상태를 완벽하게 알거나, 우리 몸의 상태를 완벽하게 알 가능성은 더더욱 없다. 그럼에도 불구하고 우주가 결정론적이라고 말하는 것은 우리의 뇌가 계산하는 능력이 없다고 하더라도 우리의 미래는 결정되어 있다는 것을 의미한다.

과학적 결정론이 세계의 진행을 자신의 의지대로 결정하는 신의 자유를 위협한다고 느낀 많은 사람들은 과학적 결정론에 강력하게 반발했다. 그러나 과학적 결정론은 20세기 초까지 과학의 표준적인 전제로 유지되었다. 그 믿음이 폐기되어야 한다는 것을 시사하는 최초의 조짐은 영국의 과학자 레일리 경과 제임스 진스 경이 별과 같은 뜨거운 물체가 방출하는 흑체복사의 양을 계산하면서 나타났다(제7장을 살펴보고, 임의의 물체가 달궈지면 흑체복사가 생긴다는 것을 상기하자).

당시 사람들이 믿었던 법칙들에 따르면, 뜨거운 물체는 모든 진동수에서 동등하게 전자기파를 방출해야 한다. 즉 뜨거운 물체는 가시광선 스펙트럼의 모든 색에서도 또 마이크로 파와 전파와 X선 등의 모든 진동수에서도 동일한 양의 에너지를 방출해야 한다. 파동의 진동수는 파동이 1초 동안 위아래로 진동하는 횟수라는 것을 상기하자. 수학적으로 생각해보면, 물체가 모든 진동수에서 파동들을 동등하게 방출한다는 것은, 진동수 0에서 100만까지의 파동으로 방출하는 에너지, 진동수 100만에서 200만까지의 파동으로 방출하는 에너지, 진동수 200만에서 300만까지의 파동으로 방출하는 에너지 등이 모두 동일하다는 것을 의미한다. 진동수 0에서 100만까지의 파동으로 한 단위의 에너지가 방출된다고 가정해보자. 그렇다면 모든 진동수에서 방출되는 에너지의 총량은 1을 무한하게 계속 더한 값과 같을 것이다. 파동의 진동수에는 한계가 없으므로, 에너지의 총량은 종결되지 않는 덧셈의 결과가 될 것이다. 따라서 이 추론을 따른다면, 방출되는 에너지의 총량은 무한대가 되어야 한다.

이 명백하게 그릇된 결론을 피하기 위해서 독일의 과학자 막스 플랑크는 1900년에 가시광선과 X선과 그 밖의 전자기파들이 그가 양자(量子, quanta)라고 명명한 흩어진 다발들로만 방출될 수 있을 것이라고 제창했다. 제8장에서 언급한 것처럼 오늘날 우리는 빛 양자를 광자(光子, photon)라고 부른다. 빛의 진동수가 높으면 높을수록 빛이 보유한 에너지는 그만큼 더 커진다. 그러므로 플랑크의 이론에 의하면, 어떤 주어진 색 혹은 진동수의 광자들은 모두 동일하지만, 다른 진동수의 광자들은 다른 양의 에너지를 보유한다는 점에서 서로 다르다. 이는 양자이론에서 주어진 색의 가장 희미한 빛 —— 광자 한 개가 운반하는 빛 —— 이 그 색에 의존하는 양의 에너지를 보유한다는 것을 의미한다. 예를 들면, 보라색 빛의 진동수는 빨간색 빛의 진동수의 두 배이므로, 보라색 빛의 양자 한 개는 빨간색 빛의 양자 한 개가 보유한 에너지의 두 배를 보유한다. 그러므로 보라색 빛이 가질 수 있는 최소 에너지는 빨간색 빛이 가질 수 있는 최소 에너지의 두 배이다.

어떻게 이 제안으로 흑체복사 문제를 해결할 수 있을까? 흑

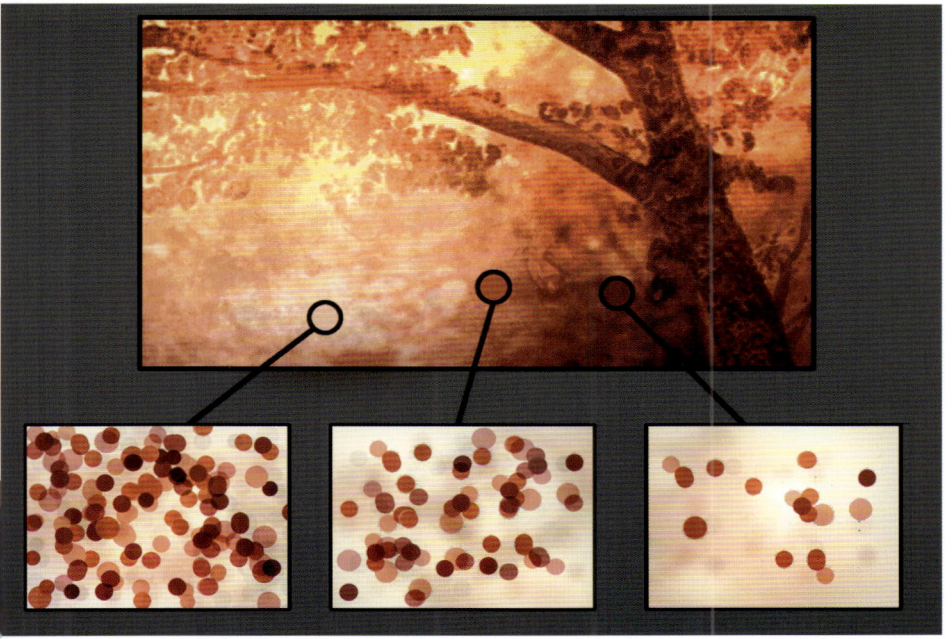

가장 약한 빛 약한 빛은 광자의 수가 희소하다는 것을 뜻한다. 어떤 색의 가장 약한 빛은 광자 한 개가 가진 빛이다.

체가 어떤 주어진 진동수에서 방출할 수 있는 전자기 에너지의 최소량은 그 진동수의 광자 한 개가 가지는 에너지 양과 같다. 광자의 에너지는 진동수가 높을수록 크다. 그런데 충분히 높은 진동수에서는 한 개의 광자가 가지는 에너지 양도 흑체가 가진 에너지 전체보다 더 클 것이다. 그러므로 그 진동수에서는 빛이 방출되지 않을 것이다. 따라서 우리가 앞에서 보았던 종결되지 않는 덧셈이 종결될 것이다. 다시 말해서 플랑크의 이론에 따르면, 높은 진동수에서는 복사가 줄어들고, 따라서 그 물체가 에너지를 잃는 비율은 유한해질 것이다. 따라서 흑체복사 문제는 해결된다.

이 양자이론에 의한 가설은 고온의 물체들에서 관찰된 복사율을 매우 잘 설명했다. 그러나 이 가설이 결정론에 대해서 의미하는 바는 1926년 독일의 또다른 과학자 베르너 하이젠베르크가 그의 유명한 불확정성원리(不確定性原理, uncertainty principle)를 정립하기 전까지는 이해되지 못했다.

불확정성원리는 라플라스의 믿음과는 반대로 자연은 과학 법칙을 이용해서 미래를 예측하는 우리의 능력을 제한한다고 말한다. 그 이유는 어떤 입자의 미래의 위치와 속도를 예측하기 위해서는 현재의 상태 —— 즉 현재의 위치와 속도 —— 를 정확하게 측정할 수 있어야 하기 때문이다. 가장 쉽게 생각할 수 있는 측정 방법은 입자에 빛을 비추는 것이다. 그렇게 하면 빛의 파동의 일부가 입자에 의해서 산란될 것이고, 관찰자는 산란된 파동을 관찰하여 입자의 위치를 계산할 수 있다. 그러나 주어진 파장의 빛이 발휘할 수 있는 감도(感度)에는 한계가 있다. 다시 말해서, 빛 파동의 마루 사이의 간격보다 더 정밀하게 입자의 위치를 측정할 수는 없다. 따라서 입자의 위치를 정확하게 측정하려면, 파장이 짧은 빛, 즉 진동수가 높은 빛을 사용해야 한다. 그런데 플랑크의 양자가설에 따르면, 우리는 빛의 양을 임의로 작게 만들 수 없다. 최소한 광자 한 개가 사용되어야 하고, 광자 한 개의 에너지는 진동수가 높을수록 크다. 그러므로 입자의 위치를 더 정확하게 측정하려면, 에너지가 더 많은 광자를 입자에 대고 쏘아야 한다.

 양자이론에 따르면, 단 한 개의 광자도 입자를 교란시킬 수 있다. 즉 광자는 입자의 속도를 예측할 수 없는 방식으로 바꾸어놓을 것이다. 또한 에너지가 큰 광자가 사용될수톡 교란도 더 커질 것이다. 이는 우리가 위치 측정을 더 정확하게 하기 위해서 에너지가 더 큰 광자를 사용하면, 입자의 속도가 더 크게 교란됨을 의미한다. 즉 우리가 입자의 위치를 더 정확하게 측정하려고 하면 할수록, 입자의 속도는 더 부정확하게 측정되고, 그 역도 마찬가지이다. 하이젠베르크는 입자의 위치불확정성×속도불확정성×질량이 일정한 양보다 작아질 수 없음을 증명했다. 다시 말해서, 예컨대 우리가 위치불확정성을 반으로 줄인다면, 우리는 속도불확정성을 두 배로 늘일 수 밖에 없고, 그 역도 마찬가지이다. 자연은 항상 우리에게 대가를 지불하게 한다.

 우리가 치르는 대가는 얼마나 클까? 그것은 우리가 위에서 언급한 "일정한 양"의 크기에 달려 있다. 그 양은 플랑크 상수(Planck's constant)라고 불리는데, 매우 작은 수이다. 플랑크 상수가 그렇게 매우 작기 때문에, 우리가 치르는 대가와 양자이론 일반의 효과는 상대성이론의 효과와 마찬가지로 우리의 일상생활에서 직접적으로 눈에 띄지 않는다(하지만 양자이론은 우리의 삶에 분명한 영향을 미친다. 예컨대 현대 전자공학의 기반이 바로 양자역학이다). 예를 들면, 우리가 질량이 1그램인 탁구공의 위치를 1센티미터 이내의 오차로 측정한다면, 우리는 탁구공의 위치를 실용적으로 필요한 정도보다 훨씬 더 정확하게 측정할 수 있다. 그러나 우리가 대략 원자의 크기만큼의 정확도로 전자의 위치를 측정한다면, 우리는 전자의 속도를 대략 초속 ± 1,000킬로미터 정도의 오차를 허용하는 정확도로밖에 알 수 없다. 그것은 전혀 정확하게 아는 것이 아니다.

불확정성원리에 의해서 주어지는 한계는 우리가 입자의 위치나 속도를 측정하기 위해서 사용하는 방식이나 입자의 종류에 의존하지 않는다. 하이젠베르크의 불확정성원리는 세계의 근본적이고 불가피한 속성이며, 우리의 세계관에 심각한 영향을 미치는 의미들을 가진다. 심지어 70년 이상이 지난 오늘날에도 많은 철학자들은 그 의미들을 완전히 인정하지 않았으며, 아직까지 격렬한 논쟁을 벌이고 있다. 불확정성원리는 라플라스가 꿈꾼 과학이론, 즉 완전한 결정론의 우주 모형에 종지부를 찍었다. 우리가 우주의 현재 상태조차 정확하게 측정할 수 없다면, 당연히 미래의 사건들도 정확하게 예측할 수 없을 것이다.

우리는 여전히 우리와 달리 교란시키지 않은 채로 우주의 현재 상태를 관찰할 수 있는 어떤 초자연적인 존재에게는 사건들을 완전하게 결정짓는 법칙의 체계가 존재할 것이라고 상상할 수 있다. 그러나 그러한 우주 모형들은 평범하고 유한한 존재인 우리에게 흥미있는 관심사가 아니다. 오히려 오컴의 면도날 (Occam's razor)이라고 불리는 경제원리를 적용해서 관찰될 수 없는 특징들을 이론으로부터 모두 삭제하는 편이 더 나을 것이다. 하이젠베르크, 에르빈 슈뢰딩거, 디랙은 1920년대에 바로 그런 접근 방식에 의해서 뉴턴 역학을 재구성하여 불확정성원리를 기반으로 한 양자역학이라는 새로운 이론을 정립했다. 양자역학에서 입자는 더 이상 분리되고 잘 정의된 위치와 속도를 가지지 않는다. 대신에 입자는 오직 불확정성원리의 한계 내에서만 정의되는 위치와 속도의 조합인 양자 상태를 가진다.

양자역학의 혁명적인 특징 중 하나는 확정된 단일한 관찰 결과를 예측하지 않는다는 것이다. 대신에 양자역학은 여러 가지의 가능한 결과들을 예측하고 그것들의 개연성을 우리에게 말해준다. 다시 말해서 우리가 처음 상태가 동일한 다수의 유사한 체계들에 대해서 동일한 측정을 한다면, 우리는 특정한 경우들에서는 측정 결과가 A이고, 다른 경우들에서는 측정 결과가 B라는 식으로 여러 가지 결과가 나오는 것을 발견할 것이다. 우리는 결과가 A 혹은 B가 될 대략적인 횟수를 예측할 수 있지만, 개별 측정의 구체적인 결과는 예측할 수 없다.

예를 들면, 우리가 다트판에 다트를 던진다고 상상해보자. 고전적인 이론 —— 즉 비(非)양자적인 이론 —— 에 따르면 우리는 중앙을 맞추거나 맞추지 못할 것이다. 또한 다트가 날아가는 속도와 중력, 그리고 그런 다른 조건들을 알면, 우리는 다트가 중앙에 맞을지 혹은 빗나갈지를 계산할 수 있을 것이다. 그러나 양자역학에 따르면 그렇지 않다. 우리는 결과를 확실하게 말할 수 없다. 그 대신 양자역학에 따르면, 다트가 중앙에 맞을 확률도 있고, 특정한 다른 구역에 맞을 확률(0이 아닌 확률)도 있다. 다트처럼 큰 대상에 대해서는, 만일 고전 이론이 —— 이 경우에는 뉴턴의 법칙들이 —— 다트가 중앙에 맞을 것이라고 말한다면, 우리는 안심하고 그렇게 되리라고 가정할 수 있다. 최소한 중앙에 맞지 않을 확률(양자역학에 따른 확률)이 매우 작아서, 우주가 끝날 때까지 계속해서 동일한 방식으로 다트를 던진다고 할지라도, 우리는 아마도 다트가 표적을 빗나가는 것을 한 번도 관찰하지 못할 것이다. 그러나 원자 규모에서는 사정이 다르다. 원자 한 개로 된 다트라면 중앙에 맞을 확률 90퍼센트, 다른 곳에 맞을 확률 5퍼센트, 다트 판을 벗어날 확률 5퍼센트를 가질 수도 있다. 따라서 어떤 결과가 나올지 미리 말할 수 없다. 우리가 말할 수 있는 것은, 실험을 여러 번 반복하면 평균적으로 100번에 90번은 다트가 다트판 중앙에 맞을 것이라는 것뿐이다.

그러므로 양자역학은 예측 불가능성 혹은 임의성을 불가피한 요소로 과학에 도입한다. 아인슈타인은 양자역학의 발전에 중요한 역할을 했음에도 불구하고, 양자역학이 과학에 임의성을 도입하는 것에 강력하게 반대했다. 실제로 아인슈타인은 양자이론에 대한 기여로 노벨 상을 받았다. 그럼에도 불구하고 그는 우주가 우연에 의해서 지배된다는 사실을 결코 받아들이려고 하지 않았다. 그의 심사는 "신은 주사위 놀이를 하지 않는다(God does not play dice)"라는 그의 유명한 말에 요약되어 있다.

이미 언급했듯이 과학이론을 평가하는 기준은 실험 결과를 예측하는 능력에 있다. 양자이론은 우리의 능력에 한계를 긋는다. 그렇다면 양자이론은 과학에 한계를 긋는 것일까? 과학이 진보하려면 우리의 과학 수행 방법이 자연의 명령에 따라서 결

번져 있는 양자의 위치 양자이론에 따르면, 물체의 위치와 속도는 특정할 수 없다. 그렇다면 미래의 사건의 진행을 정확하게 예측할 수 없을 것이다.

정되어야 한다. 양자이론과 관련해서 자연은 우리가 예측의 의미를 재정의할 것을 요구하고 있는 것이다. 우리는 어떤 실험의 결과를 정확하게 예측하지 못할 수도 있다. 그러나 우리는 그 실험을 여러 번 반복할 수 있고, 여러 가지 가능한 결과들이 양자이론이 예측한 확률로 일어난다는 것을 입증할 수 있다. 그러므로 불확정성원리에도 불구하고, 물리학의 법칙에 의해서 지배되는 세계에 대한 믿음을 포기할 필요는 없다. 실저로 대부분의 과학자들이 기꺼이 양자이론을 받아들이는 궁극적인 이유는 그 이론이 실험과 완벽하게 일치하기 때문이다.

하이젠베르크의 불확정성원리의 가장 중요한 의미 중 하나는 입자들이 어떤 측면에서는 파동처럼 행동한다는 것이다. 우리가 보았듯이 입자들은 명확한 위치를 가지지 않고 특정한 확률분포로 "번져 있다." 마찬가지로 빛은 파동으로 되어 있음에도 불구하고, 플랑크의 양자 가설에 따르면, 어떤 측면에서 입자들로 이루어진 것처럼 행동한다. 빛은 묶음으로만, 즉 양자로만 방출되고 흡수된다. 사실상 양자역학은 실제 세계를 더 이상 입자와 파동으로 기술하지 않는 완전히 새로운 유형의 수학에 기초를 두고 있다. 목적에서는 입자를 파동으로 생각하는 것이 유용하고, 또다른 어떤 목적에서는 파동을 입자로 생각하는 것이 더 낫다. 그러나 그런 사고방식은 단지 편의를 위한 수단일 뿐이다. 바로 이것이 양자역학에서 파동과 입자 사이에 이중성이 있다고 말할 때 물리학자들이 의미하는 바이다.

양자역학에서 입자의 파동적인 행동의 중요한 귀결 중 하나는 두 입자들 사이에서 간섭(干涉, interference)이라는 현상이 생기는 것을 관찰할 수 있다는 것이다. 일반적으로 생각하기에 간섭은 파동이 나타내는 현상이다. 파동들이 충돌할 때 한 파동의 마루들이 다른 파동의 골들과 일치할 수 있다. 그 경우에 두 파동은 위상이 어긋난다(to be out of phase)라고 말한다. 그런 일이 발생하면 두 파동은 합쳐져서 더 강한 파동을 이루는 것이 아니라 서로를 상쇄시킨다. 우리에게 익숙한 빛의 간섭의 예는 비눗방울에서 흔히 볼 수 있는 여러 가지 색들이다. 그러한 색들이 생기는 원인은 비눗방울을 이루는 얇은 수막의 안팎 양면에서 빛이 반사되기 때문이다. 백색의 빛은 다양한 파장, 즉 다양한 색의 광파들로 이루어져 있다. 이때 특정한 파장에서, 비누막의 안쪽 면에서 반사된 파동의 마루들과 바깥쪽 면에서 반사된 파동의 골들이 일치할 수 있다. 그 경우 이 파장에 대응하는 색은 반사된 빛에서 빠지게 된다. 따라서 반사된 빛은 특정한 색을 띠는 것처럼 보인다.

그런데 양자이론은 양자역학에 의해서 도입된 이중성 때문에 입자에서도 간섭이 일어날 수 있다고 말한다. 유명한 예는 이른바 '이중 슬릿(two-slit)' 실험이다. 두 개의 평행한 슬릿(틈)이 있는 칸막이(얇은 벽)를 상상해보자. 우리가 입자들을 보내 슬릿을 통과시키면 어떤 일이 일어날지 생각하기 전에, 먼저 우리가 그 슬릿에 빛을 비추면 어떤 일이 일어날지 생각해보자. 칸막이의 왼편에 특정한 색(즉 특정한 파장)의 빛을 내는 광원을 설치하자. 빛을 비추면 대부분의 빛은 칸막이에 막혀버리지만, 적은 양의 빛은 슬릿을 통과할 것이다. 이제 칸막이의 오른편에 영사막을 설치한다고 가정하자. 그리고 스크린 위의 한 점을 생각하자. 그 점은 두 개의 슬릿에서 나온 파동들을 모두 받을 것이다. 그런데 일반적으로 광원에서 나와 한 슬릿을 통과한 후 그 점에 도달한 빛이 거쳐간 거리는 다른 슬릿을 통과한 후 그 점에 도달한 빛이 거쳐간 거리와 다를 것이다. 거쳐간 거리가 다르므로 두 파동은 그 점에 도달할 때 위상이 일치하지 않을

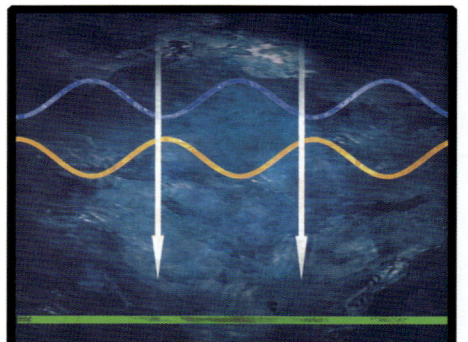 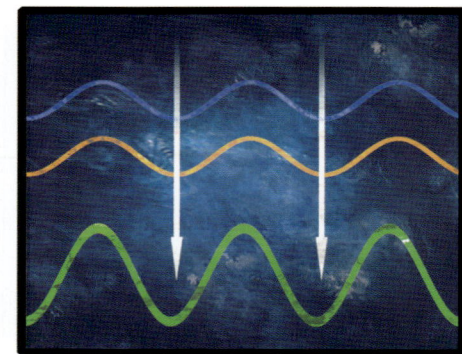

위상의 일치와 어긋남 두 개의 파동들의 마루와 마루가 또 골과 골이 서로 일치하면, 파동은 더욱 강하게 된다. 그러나 한 파동의 마루와 다른 파동의 골이 일치하면 두 개의 파동은 서로를 소멸시킨다.

것이다. 어떤 장소에서는 한 파동의 마루들이 다른 파동의 골들과 일치하여 파동들이 서로를 상쇄시키고, 다른 장소에서는 마루들과 골들이 일치하여 파동들이 서로를 보강할 것이다. 그리고 대부분의 장소들에서는 위의 두 상황의 중간에 해당하는 상황이 벌어질 것이다. 그 결과 스크린에는 밝은 줄과 어두운 줄이 반복되는 독특한 줄무늬가 나타난다.

놀라운 것은 광원 대신에 전자와 같은 입자들을 특정한 속도(양자이론에 의하면, 전자가 특정한 속도를 가진다면 대응하는 물질파동도 특정한 파장을 가진다)로 발사하는 장치를 설치해도, 똑같은 종류의 무늬를 얻을 수 있다는 사실이다. 슬릿이 하나만 있다고 가정하고, 우리가 칸막이에 전자들을 발사하기 시작한다고 하자. 대부분의 전자들은 칸막이에 막히겠지만, 일부는 슬릿을 통과하여 반대편에 있는 스크린에 도달할 것이다. 이

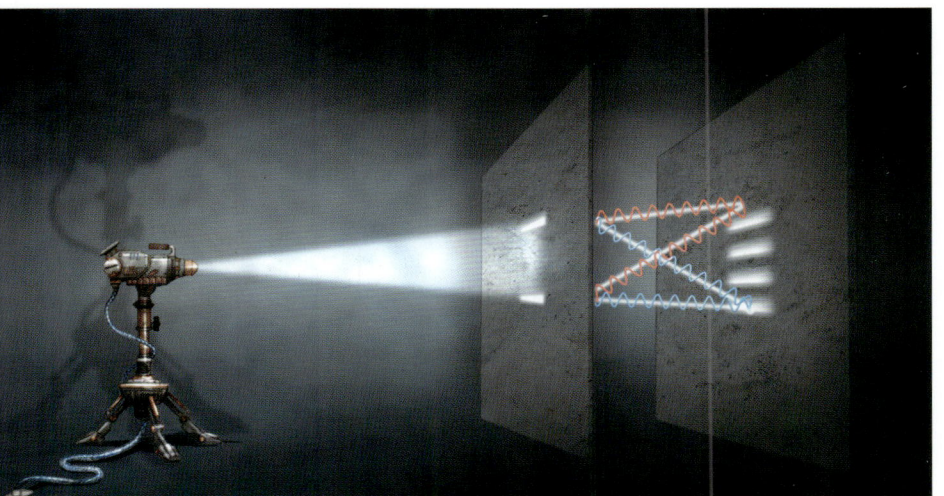

경로의 거리와 간섭(干涉) "이중 슬릿" 실험에서는 파동이 2개의 슬릿에서 나와서 스크린에 도달할 때까지 나아가지 않으면 안 되는 거리는 스크린의 높이에 따라서 다르다. 따라서 그 파동들이 어떤 높이에서는 서로를 보강시키고 다른 높이에서는 서로를 상쇄시킬 때 간섭의 패턴이 형성된다.

제 두 번째 슬릿을 추가로 열면 단지 스크린의 각 점에 도달하는 전자의 수가 늘어나는 것이 논리적으로 당연하리라고 당신은 생각할지도 모른다. 그러나 두 번째 슬릿을 열면 스크린에 도달하는 전자의 수가 어떤 지점들에서는 늘어나고 다른 지점들에서는 줄어든다. 마치 전자들이 입자로서 행동하는 것이 아니라 파동처럼 서로 간섭하는 듯이 말이다.

이제 전자를 한 번에 하나씩 보내 슬릿을 통과시킨다고 상상해보자. 여전히 간섭이 일어날까? 각각의 전자가 한 슬릿이나 다른 슬릿을 통과할 것이므로, 간섭 무늬가 사라질 것이라고 예

양자중력이론 __ 139

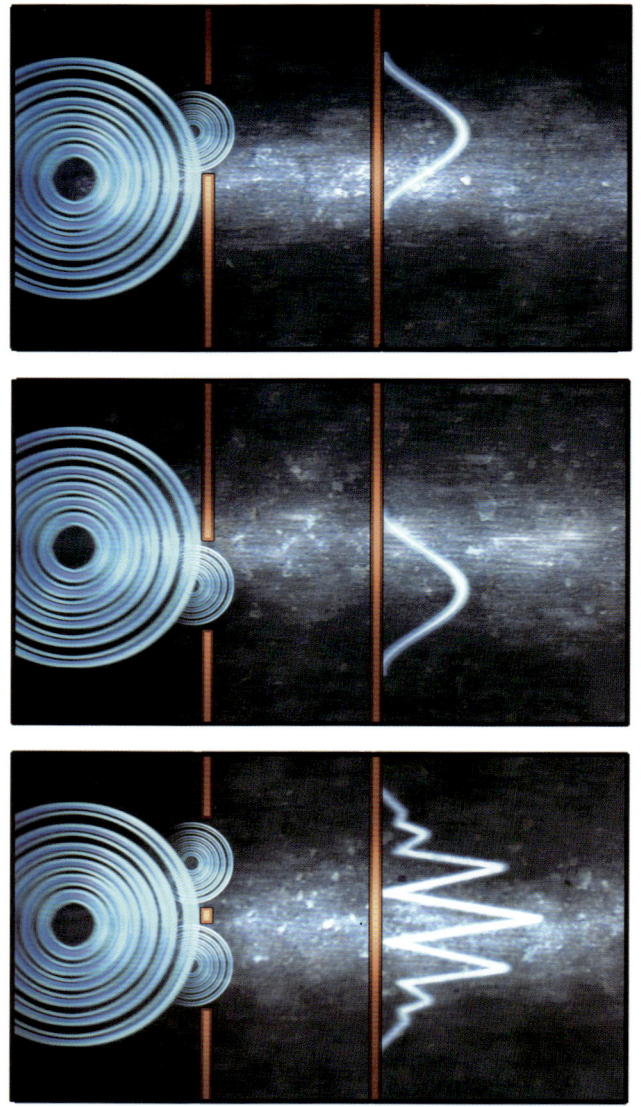

전자의 간섭 전자들이 두 슬릿을 통과하도록 쏘아보낼 때와 한 슬릿을 통과하도록 쏘아보낼 때의 결과는 간섭 현상 때문에 서로 달라진다.

상하는 사람도 있을 것이다. 그러나 실제로는 한 번에 하나씩 전자를 보낸다고 할지라도, 여전히 간섭 무늬가 나타난다. 그러므로 각각의 전자가 동시에 두 슬릿을 통과하며 자기 자신과 간섭을 일으키는 것이 분명하다.

입자들 간의 간섭현상은 우리가 원자들의 구조를 이해하는 데에 결정적인 역할을 했다. 원자는 우리와 우리 주변의 모든 것을 이루는 기초 단위이다. 20세기 초에 원자는 태양 주위를 도는 행성들처럼 전자들(음전하를 띤 입자들)이 양전하를 띤 중심의 핵을 도는 구조라고 생각되었다. 사람들은 태양과 행성들 사이의 중력이 행성들을 궤도에 붙잡아두는 것과 같은 방식으로 양전하와 음전하 사이의 인력이 전자들을 궤도에 붙잡아둔다고 생각했다. 이 생각의 문제점은, 양자역학 이전의 고전역학과 전자기학의 법칙들에 따르면, 그런 식으로 궤도를 도는 전자들이 전자기파를 방출해야 한다는 것이었다. 이 방출에 의해서 전자들은 에너지를 잃고 나선을 그리며 핵에 접근하고, 결국 핵과 충돌할 것이다. 이는 원자가, 그리고 더 나아가서 원자로 구성되어 있는 모든 물질이 순식간에 붕괴하여 매우 높은 밀도의 상태로 되는 것을 의미한다. 그러나 그런 일은 분명히 일어나지 않는다!

이 문제에 대한 부분적인 해결방법은 1913년 덴마크의 과학자 닐스 보어에 의해서 발견되었다. 그는 전자들이 운동할 수 있는 궤도가 중심의 원자핵으로부터 임의의 거리만큼 떨어져 있을 수 있는 것이 아니라, 오직 특정한 거리만큼 떨어져 있다고 제안했다. 만일 한두 개의 전자들만이 그 특정한 궤도를 운동할 수 있다고 가정한다면, 원자의 붕괴 문제는 해결된다. 왜냐하면 일단 한정된 수의 안쪽 궤도들이 채워지면, 전자들이 더이상 나선을 그리며 핵에 접근할 수 없기 때문이다. 이 모형은 한 개의 전자만 핵의 주위를 도는 가장 단순한 원자인 수소의 구조를 매우 훌륭하게 설명했다. 그러나 이 모형을 더 복잡한 원자들에 어떻게 확대할 것인지는 분명치 않았다. 뿐만 아니라 허용되는 궤도들이 제한적이라는 생각은 근거 없는 미봉책에 불과한 것 같았다. 그것은 수학적으로 유효하게 작동하는 해결책이었지만, 왜 자연이 그렇게 행동해야 하는지, 혹은 어떤 심층적인 법칙 —— 만일 그런 법칙이 있다면 —— 이 기반에 깔려 있는지 아는 사람은 아무도 없었다. 이 어려움을 해결한 것이 새로운 양자이론이었다. 양자이론은 핵 주위의 궤도를 도는 전자를 파동으로 생각할 수 있다는 것을 밝혀냈다. 이때 파동의 파장은 전자의 속도에 따라서 정해진다. 보어가 가정했듯이, 핵을 특정한 거리에서 원형으로 둘러싸는 파동을 생각해보자. 어떤 궤도들에서는 그 궤도의 길이가 전자 파장의 정수배(분수배가 아니다)일 것이다. 그 궤도들에서는 파동의 마루가 매번 회전할 때마다 같은 위치일 것이고, 따라서 보강간섭이 일어날 것이다. 그 궤도들이 보어가 제안한 허용된 궤도(allowed orbit)이다. 반면에 길이가 파장의 정수배가 아닌 궤도들에서는 전자가 회전함에 따라서 파동의 마루가 골에 의해서 상쇄될 것이다. 그 궤도들은 허용되지 않을 것이다. 이제 허용된 궤도들과 금지된

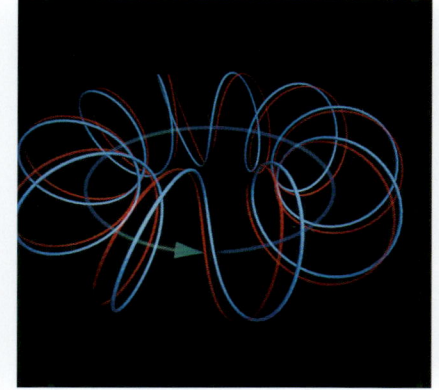

원자 궤도에서의 파동 닐스 보어는 원자가 원자핵 주위를 끝없이 회전하는 전자 파동으로 이루어져 있다고 상상했다. 그의 이론에서는 오직 길이가 전자 파장의 정수배인 궤도만이 간섭에 의한 붕괴를 피할 수 있다.

궤도들이 있다는 보어의 법칙이 타당한 설명을 얻게 되었다.

파동/입자 이중성을 시각화하는 멋진 방법으로는 미국의 과학자 리처드 파인먼이 도입한 이른바 역사합산(sum over histories)이 있다. 이 접근방식에서는 입자가 고전적인 비양자 이론에서 생각되었듯이, 시공에서 단일한 역사(歷史), 즉 경로를 가지는 것으로 가정되지 않는다. 대신에 입자가 A에서 B까지 모든 가능한 경로들을 거친다고 가정된다. 파인먼은 A 지점에서 B 지점에 이르는 각각의 경로에 그것과 연관된 두 개의 수를 부여했다. 하나는 파동의 진폭, 즉 크기를 나타낸다. 다른 하나는 위상, 즉 주기 속에서의 위치(즉 파동이 마루에 있는지 혹은 골에 있는지)를 나타낸다. 입자가 A에서 B로 갈 확률은 A와 B를 잇는 모든 경로와 결부된 파동들을 합산하여 구할 수

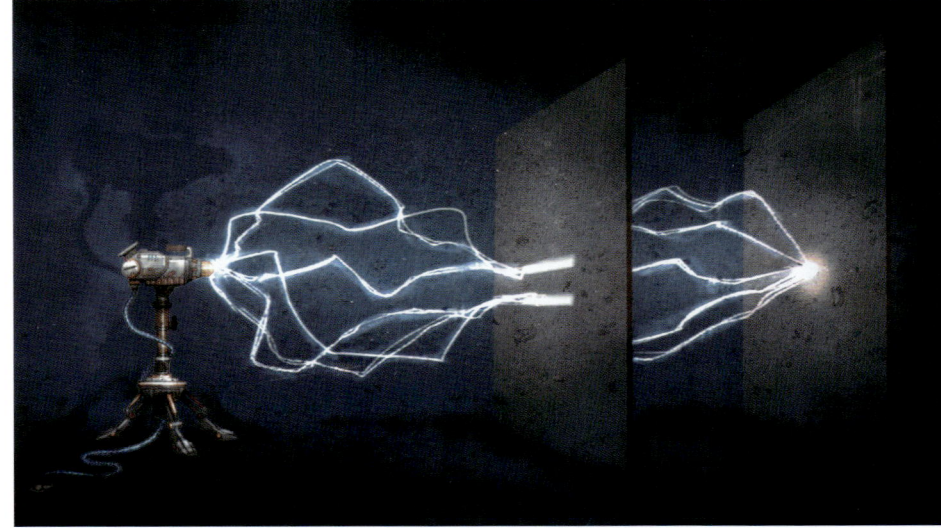

다양한 전자의 경로들 리처드 파인만이 형식화한 양자이론에서는 그림에서 보듯이 광원에서 스크린까지 움직이는 전자와 같은 한 입자는 가능한 경로 모두를 거친다.

있다. 일반적으로 인접한 경로들의 집합을 비교해보면, 위상 혹은 주기에서의 위치가 크게 다를 것이다. 이것은 그 경로들과 결부된 파동들이 거의 정확히 상쇄된다는 것을 의미한다. 그러나 어떤 인접한 경로들의 집합에서는 위상이 크게 다르지 않을 것이고, 그 경로들과 결부된 파동들은 상쇄되지 않을 것이다. 그러한 경로들이 보어의 허용된 궤도들에 해당한다.

    이런 생각을 구체적인 수학적 형식으로 나타내면 더 복잡한 원자들의 허용된 궤도들을 비교적 쉽게 계산할 수 있고, 심지어 다수의 원자들이 하나 이상의 핵을 도는 전자에 의해서 결합되어 이루어진 분자들의 허용된 궤도들도 계산할 수 있다. 분자들의 구조와 반응은 화학과 생물학 전체의 기반을 이루므로, 양자역학은 원리적으로 우리가 주변에서 보는 거의 모든 것을 불확정성원리의 한계 내에서 예측할 수 있게 해준다(그러나 실제로 우리가 풀 수 있는 것은 전자를 하나만 가진 가장 단순한 원자인 수소에 대한 방정식뿐이다. 더 복잡한 원자와 분자에 대한 분석은 컴퓨터를 이용하여 근사적〔近似的〕으로 이루어진다).

양자이론은 매우 성공적인 이론으로 자리를 굳혔고, 거의 모든 현대 과학과 공학의 기반으로 작용한다. 양자이론은 텔레비전과 컴퓨터 같은 전자공학 장치들의 핵심 부품인 트랜지스터와 집적회로의 행동을 지배하며, 또한 현대 화학과 생물학의 기초를 이룬다. 양자역학이 아직 본격적으로 들어가지 못한 유일한 물리학 분야는 중력과 우주의 거시 규모 구조에 대한 이론뿐이다. 아인슈타인의 일반상대성이론은 양자역학의 불확정성원리를 무시한다. 그러나 다른 이론들과의 일관성을 위하여 일반상대성이론은 그 원리를 포용해야 한다.

앞 장에서 보았듯이 우리는 이미 일반상대성이론이 수정되어야 한다는 것을 안다. 무한한 밀도의 점들 —— 특이점들 ——을 예측함으로써 고전적인(즉 비양자적인) 일반상대성이론은 자기 자신의 실패를 예측하고 있다. 이는 마치 고전역학이 흑체가 무한한 에너지를 방출하고 원자들이 붕괴하여 무한한 밀도가 되어야 한다고 시사함으로써 자신의 실패를 예측한 것과 같다. 우리는 고전역학과 마찬가지로 고전적인 일반상대성이론도 양자이론과 통합함으로써, 즉 양자중력이론(quantum theory of gravity)을 만들어냄으로써 그대로는 물리적으로 수용될 수 없는 특이점들을 제거하기를 희망하고 있다.

일반상대성이론이 틀렸다면, 왜 지금까지 모든 실험들이 일반상대성이론을 지지했을까? 우리가 아직까지 관찰과의 불일치를 주목하지 못한 이유는 우리가 일반적으로 경험하는 모든 중력장이 매우 약하기 때문이다. 그러나 우리가 보았듯이 우주에 있는 모든 물질과 에너지가 작은 공간 속으로 모여야 하는 초기 우주에서는 중력장이 매우 강해야 한다. 그런 강한 중력장에서는 양자이론의 영향이 중요해진다.

비록 우리는 아직 양자중력이론을 만들지 못했지만, 그 이론이 가져야 한다고 믿는 여러 측면들을 알고 있다. 그중 하나는 그 이론이 양자역학을 역사합산으로 정식화하는 파인먼의 제안을 수용하고 소화해야 한다는 것이다. 궁극적인 이론의 부분이 되어야 한다고 우리가 믿는 두 번째 측면은 중력장이 휘어진 시공으로 표현된다는 아인슈타인의 생각이다. 입자들은 최대한 휘어진 공간의 직선 경로를 따르려고 하지만, 시공이 평평하지 않기 때문에 입자들의 경로는 마치 중력장에 의해서 휘어진 듯이 보인다. 우리가 파인먼의 역사합산을 아인슈타인의 중력에 대한 생각에 적용하면, 입자의 역사와 유사하게 다루어지는 것은 이제 우주 전체의 역사를 대변하는 휘어진 시공 전체이다.

고전적인 중력이론에서 우주가 취할 수 있는 행동방식은 두 가지뿐이었다. 즉 우주는 무한한 과거에도 존재했거나, 아니면 유한한 과거의 시점에 특이점으로부터 시작했어야 한다. 앞에서 우리가 논의한 이유들 때문에 우리는 우주가 무한한 과거에도 존재했다고 믿지 않는다. 그러나 만일 우주에 출발점이 있다면, 고전적인 일반상대성이론에 의해서 우리는 아인슈타인 방정식의 해들 중 어느 것이 우리 우주를 기술하는지 알기 위해서 우주의 초기 상태를 알아야 한다. 즉 우주가 정확히 어떻게 시작되었는지 알아야 한다. 애당초 신이 자연법칙들을 제정했는지도 모른다. 그러나 신은 그 후 우주가 자연법칙들에 따라서 진화하도록 내버려두고 우주에 간섭하지 않는 것 같다. 신은 우주의 초기 상태 혹은 초기 모양을 어떻게 선택했을까? 시간의 시작에서 경계 조건은 어떠했을까? 이것은 고전적인 일반상대성이론이 해결할 수 없는 문제이다. 왜냐하면 고전적인 일반상대성이론은 우주의 시작점에서 무력해지기 때문이다.

한편 양자중력이론은 이 문제를 개선할 수 있는 새로운 가능성을 보여주고 있다. 양자이론에서 시공은 범위가 유한하면서도 경계나 가장자리를 형성하는 특이점들이 없지도 모른다. 그런 시공은 차원이 두 개 더 있는 것만 다를 뿐 지구의 표면과 유사할 것이다. 앞에서 지적했듯이, 만일 지구의 표면에서 특정한 방향으로 계속 나아가면, 장벽에 부딪히거나 절벽에서 떨어지는 것이 아니라, 결국 출발점으로 되돌아온다. 시공에 대해서도 마찬가지라면, 양자중력이론은 새로운 가능성을 열 수 있을 것이다. 그 가능성 속에서는 과학법칙들이 무력해지는 지점인 특이점들이 존재하지 않을 것이다.

시공에 경계가 없다면, 경계 조건을 결정할 필요가 없다. 다시 말하면 우주의 초기 상태를 알 필요가 없다. 다시 말해서 시공의 경계 조건을 결정하는 신이나 어떤 다른 법칙에 호소할 수밖에 없게 되는 지점인 시공의 가장자리는 없어질 것이다. 우리는 다음과 같이 말할 수 있을 것이다. "우주의 경계 조건은 경계가 없다는 것이다." 우주는 완전히 자족적이고, 외부에 있는 어떤 것의 영향도 받지 않을 것이다. 우주는 창조되지도 파괴되지도 않을 것이다. 우주는 다만 존재할 것이다. 그러나 우주가 정말로 완전히 자족적이고, 경계나 가장자리를 가지지 않고, 시작도 끝도 없다면, 다음과 같은 질문에 대한 대답이 불분명해진다. 창조자의 역할은 무엇일까?

제10장
웜홀과 시간여행

앞에서 우리는 시간의 본질에 대한 우리의 관점이 어떻게 변천해왔는지를 살펴보았다. 20세기 초까지도 사람들은 절대적인 시간을 믿었다. 즉 각각의 사건에는 "시간"이라는 딱지가 단 하나의 방식으로 붙여질 수 있고, 모든 좋은 시계들은 두 사건 사이의 시간 간격에 대해서 서로 일치하는 측정값을 내놓을 것이라고 사람들은 믿었다. 그러나 빛의 속도가 관찰자의 움직임과는 상관없이 모든 관찰자에게 동일하게 보인다는 사실을 발견한 것은 상대성이론의 단초가 되었다 —— 그리고 유일한 절대적인 시간이 존재한다는 생각이 폐기되는 계기가 되었다. 사건에 유일한 방식으로 시간의 딱지를 붙일 수는 없다. 그 대신에 각각의 관찰자는 그가 지닌 시계에 의해서 기록된 자신의 고유한 시간 척도를 가질 것이며, 서로 다른 관찰자들이 지닌 시계들이 반드시 일치할 필요는 없을 것이다. 그렇게 시간은 시간을 측정하는 관찰자에게 상대적인, 더 개인적인 개념이 되었다. 그러나 시간은 여전히 그 위에서 우리가 오직 한 방향이나 반대 방향으로만 움직일 수 있는 곧은 철길처럼 간주되었다. 그러나 만일 철길에 환상선(環狀線)이나 지선(支線)이 있다면, 그래서 앞으로 계속 나아가는 기차가 이미 지나온 역으로 되돌아온다면 어떻게 될까? 다시 말해서 과거나 미래로 여행할 수 있을까? H. G. 웰스는 『타임 머신』에서 그 가능성들을 탐구했다. 그밖에도 수많은 과학소설 작가들이 웰스의 뒤를 이었다. 과학소설에서 등장한 많은 생각들은, 잠수함이나 달 여행의 경우처럼, 과학적 사실이 되었다. 그렇다면 시간여행의 전망은 어떨까?

미래로 여행하는 것은 가능하다. 다시 말해서, 상대성이론은 우리를 데리고 미래의 시간으로 점프하는 기계를 만들 수 있음을 보여준다. 우리는 타임 머신에 올라타고, 잠시 기다렸다가 내린다. 그리고 우리는 우리에게 지나간 것보다 훨씬 더 많은 시간이 지구 위에서 지나갔음을 발견한다. 오늘날 우리는 이 일을 실현할 기술을 가지고 있지 않은데, 그것은 다만 공학의 문제일 뿐이다. 우리는 이 일이 실현될 수 있음을 안다. 그런 타임 머신을 제작하는 한 가지 방법은 제6장에서 우리가 쌍둥이 역설과 관련해서 논했던 상황을 이용하는 것이다. 그 방법을 이용한다면, 우리가 앉아 있는 동안 타임 머신은 출발하여 거의 광속까지 가속한 후 얼마 동안(우리가 얼마나 먼 미래로 가고 싶은지에 따라서) 그 속도를 유지했다가 돌아온다. 타임 머신이 또한 우주선이기도 하다는 사실은 놀라운 일이 아닐 것이다. 왜

타임 머신 속에 있는 이 책의 저자들.

냐하면 상대성이론에 따르면 시간과 공간은 연관되어 있기 때문이다. 어쨌든 우리의 입장에서는 전체 과정이 진행되는 동안 우리가 있을 유일한 "장소"는 타임 머신 속이다. 그리고 우리가 밖으로 나올 때, 우리는 우리에게 흘러간 것보다 훨씬 더 많은 시간이 지구 위에서 흘러갔음을 발견할 것이다. 우리는 미래로 온 것이다. 그런데 우리는 돌아갈 수 있을까? 우리는 시간을 거슬러 여행하기 위해서 필요한 조건들을 만들어낼 수 있을까?

물리학 법칙들이 시간을 거슬러올라가는 여행을 허용할지도 모른다는 사실이 처음으로 지적된 것은 1949년 쿠르트 괴델이 아인슈타인 방정식의 새로운 해, 즉 일반상대성이론이 허용하는 새로운 기묘한 시공의 존재를 발견하면서부터이다. 아인슈타인 방정식을 만족시키는 수학적 모형들은 다양하다. 그러나 그것들이 우리가 살고 있는 우주와 일치한다는 말은 아니다. 그 모형들은 예컨대 초기 조건 혹은 경계 조건이 서로 다르다. 우리는 그 수학 모형들이 우리의 우주와 일치할 수 있을지 판정하기 위해서 그 모형들의 물리적 예측들을 조사해야 한다.

괴델은 산술처럼 한계가 분명하고 간단한 수학 체계에서조차 모든 참인 명제들을 증명하는 것은 불가능하다는 것을 입증한 것으로 유명한 수학자이다. 불확정성원리와 마찬가지로 괴델의 불완전성정리(incompleteness theorem)도 우주를 이해하고 예측하는 우리의 능력을 근본적으로 제한하는지도 모른다. 괴델은 프린스턴 고등학술연구소에서 아인슈타인과 함께 만년을 보내며 일반상대성이론을 숙지하게 되었다. 괴델이 발견한 시공은 우주 전체가 회전한다는 기묘한 특징을 가지고 있었다.

우주 전체가 회전한다는 것은 무슨 뜻일까? 회전한다는 것은 둥글게 둥글게 돈다는 것을 의미한다. 그렇다면 정지한 기준점이 있어야 하지 않을까? 그러므로 우리는 이런 질문을 할 수 있을 것이다. "무엇을 기준으로 하여 회전하는가?" 그 답은 약간 복잡하지만, 기본적으로는 다음과 같다. 멀리 있는 물질들은 그 우주 속에 있는 작은 팽이 모양의 자이로스코프들이 가리키는 방향들을 기준으로 회전할 것이다. 괴델의 시공이 회전하기 때문에 생기는 수학적인 특징은 우리가 지구를 떠나 멀리 갔다가 돌아오면, 우리가 출발하기 이전 시점에 지구로 돌아올 수 있다는 것이다.

일반상대성이론으로는 시간여행이 불가능하다고 생각한 아인슈타인은 자신의 방정식들이 시간여행을 허용할 수도 있다는 것에 크게 놀랐다. 그러나 괴델이 발견한 해는 아인슈타인 방정식을 만족시키지만, 우리가 사는 우주와 일치하지는 않는다. 왜냐하면 우리가 관찰한 바에 의하면, 우리의 우주는 최소한 감지할 수 있을 정도로는 회전하지 않기 때문이다. 그리고 괴델의 우주는 우리의 우주처럼 팽창하지 않는다. 그러나 괴델의 우주가 발견된 이후 아인슈타인 방정식을 연구하는 과학자들에 의해서 과거로의 여행을 허용하는 다른 시공들이 발견되었다. 그러나 마이크로 파 배경복사의 발견과 우주에 수소나 헬륨 같은 가벼운 원소들이 풍부하게 존재한다는 사실은 초기 우주가 시간여행을 위해서 그 시공 모형들이 요구하는 종류의 곡률을 가지고 있지 않았음을 시사한다. 시공에 경계가 없다는 가설이 옳다는 것이 밝혀지면, 이론적 근거에서도 같은 결론이 나온다. 그러므로 다음과 같은 질문이 제기된다. 만일 우주가 시간여행에 필요한 종류의 곡률을 가지지 않은 상태에서 출발했다면, 우리는 추후에 시간여행이 가능하도록 우주의 일부를 구부릴 수 있을까?

상대성이론에서 공간과 시간은 불가분의 것이므로, 시간을 거슬러올라가는 여행과 밀접하게 관련된 문제가 바로 빛보다 빠른 여행이 가능한가 하는 문제라는 사실은 놀라운 일이 아닐 것이다. 시간여행이 빛보다 빠른 여행을 의미한다는 것은 쉽게 이해할 수 있다. 우리가 여행을 하면서 마지막 단계에서 시간을 거슬러올라간다면, 우리는 전체 여행에서 소모된 시간을 우리가 원하는 만큼 짧게 만들 수 있다. 따라서 우리는 무제한의 속도로 여행할 수 있을 것이다! 그런데 우리가 곧 보게 되겠지만, 그 역도 가능하다. 만일 우리가 무제한의 속도로 여행할 수 있다면, 우리는 또한 시간을 거슬러 여행할 수 있다. 빛보다 빠른 여행이 불가능하다면, 시간여행도 불가능하다.

과학소설 작가들은 초광속운동에 많은 관심을 기울였다. 만일 우리가 약 4광년 떨어진 가장 가까운 별인 켄타우로스 좌의 프록시마 성에 우주선을 보낸다면, 여행자들이 돌아와서 그들이 본 것을 우리에게 이야기해주기까지는 최소한 8년이 걸릴 것이다. 또한 여행의 목적지가 우리 은하의 중심이라면, 우주선이 돌아오기까지는 최소한 10만 년이 걸릴 것이다. 만일 우리가 은하계들 사이의 전쟁에 관한 작품을 쓰려고 하는 작가라면, 사정이 우리에게 전혀 우호적이지 않다고 할 수 있다! 그러나 상대성이론은 한 가지 위안을 준다. 그 위안 역시 제6장에서 소개한 쌍둥이 역설과 관련이 있다. 지구에 머문 사람보다 우주여행자에게 여행기간이 훨씬 짧게 느껴질 수 있다. 그러나 몇 년 동안의 우주여행에서 돌아와 우리가 아는 모든 사람들이 수천

년 전에 죽고 없다는 것을 발견하는 것은 결코 유쾌한 일이 아닐 것이다. 따라서 우리에게 흥미로운 이야기를 지어내기 위해서 과학소설 작가들은 우리가 언젠가 빛보다 더 빠르게 여행하는 방법을 발견할 것이라고 가정해야 했다. 대부분의 과학소설 작가들은, 우리가 빛보다 빨리 여행할 수 있다면, 상대성이론에 의해서 다음의 5행 시에서처럼 우리가 시간을 거슬러 여행할 수 있다는 사실을 깨닫지 못한 것으로 보인다.

    와이트 섬 출신 젊은 아가씨
    빛보다 훨씬 더 빨리 여행했지.
    어느 날 출발해서
    상대성이론적인 방법으로
    그 전날 도착했지.

시간여행과 빛보다 빠른 여행의 관련성의 핵심은 모든 관찰자들이 동의할 수 있는 유일한 시간척도가 없다고 상대성이론이 말할 뿐 아니라, 경우에 따라서는 관찰자들이 사건들의 순서에 대해서도 동의하지 않을 수 있다고 말한다는 데에 있다. 구체적으로 말해서, 만일 두 사건 A와 B가 공간적으로 매우 멀리 떨어져 있으므로 사건 A에서 사건 B로 가기 위해서 로켓이 빛보다 빠르게 여행해야 한다면, 서로 다른 속도로 움직이는 두 관찰자는 A와 B 중 어느 것이 먼저 일어났는지에 대해서 의견이 일치하지 않을 수 있다.

예를 들면, 사건 A가 2012년 올림픽 100미터 달리기 결승전이고 사건 B가 켄타우로스 좌의 프록시마 성의 제100,004대 의회 개회식이라고 하자. 지구에 있는 관찰자에게는 사건 A가 먼저 일어나고 그 다음에 사건 B가 일어난다고 가정하자. 구체적으로 B가 1년 후에, 즉 지구 시간으로 2013년에 일어난다고 가정하자. 지구와 켄타우로스 좌의 프록시마 성 사이의 거리는 약 4광년이므로, 이 두 사건은 위에서 말한 조건을 만족시킨다. 즉 A가 B보다 먼저 일어나지만, A에서 B로 가려면 빛보다 더 빨리 여행해야 한다. 그렇다면 켄타우로스 좌의 프록시마 성에 있으면서 거의 광속으로 지구로부터 멀어지는 관찰자에게는 이 사건들의 순서가 반대로 보일 것이다. 즉 B가 A 이전에 일어나는 것처럼 보인다. 만일 우리가 빛보다 더 빨리 이동할 수 있다면, 사건 B에서 A로 갈 수 있다고 그 관찰자는 말할 것이다. 실제로 당신이 엄청나게 빨리 이동한다면, 당신은 A의 결과를 확실히 아는 상태에서 결승전이 벌어지기 이전의 켄타우로스 좌의 프록시마 성으로 가서 내기를 걸 수 있을 것이다.

물론 광속의 장벽을 깨뜨리는 문제가 있다. 상대성이론에 의하면, 광속에 접근할수록 우주선을 가속시키는 데에 드는 힘은 점점 더 커진다. 우리는 그 사실을 보여주는 실험적인 증거들을 가지고 있다. 물론 우리가 우주선을 광속에 가깝게 가속시켜본 일은 없다. 그러나 우리는 페르미 연구소나 유럽 핵 연구센터(CERN)에 있는 것과 같은 입자가속기 속에서 기본입자들을 가속시켜보았다. 우리는 입자들을 광속의 99.99퍼센트로 가속시킬 수 있었다. 그러나 우리가 아무리 큰 힘을 투입한다고 해도, 우리는 광속의 장벽을 넘지 못한다. 우주선도 마찬가지이다. 아무리 큰 출력을 가진 로켓이더라도, 광속 이상으로 가속할 수는 없다. 그렇다면 시간을 거슬러올라가는 여행은 빛보다 더 빠른 여행을 할 때에야만 가능하므로, 초고속 우주여행도, 시간을 거스르는 여행도 불가능할 것처럼 보인다.

그러나 한 가지 가능성이 있다. 시공을 구부려서 A와 B 사이에 지름길이 생기도록 만들 수 있을지도 모른다. 그렇게 하는 한 가지 방법은 A와 B 사이에 웜홀(wormhole, 벌레구멍)을 만드는 것이다. 그 명칭에서 예상할 수 있듯이, 웜홀은 서로 멀리 떨어진 거의 평평한 두 영역을 연결할 수 있는 시공의 가는 관이다. 웜홀을 이해하기 위해서는 우리가 높은 산 밑에 있다고 상상해보는 것이 좋을 듯하다. 산 너머로 가려면 한참 동안 산을 올라갔다가 다시 내려가야 할 것이다. 그러나 바위 속에 수평으로 뚫린 거대한 웜홀이 있다면, 얘기는 달라진다. 우리가 태양계 근처에서 켄타우로스 좌의 프록시마 성으로 가는 웜홀을 만들거나 발견할 수 있다고 상상해보자. 지구와 켄타우로스 좌의 프록시마 성은 평범한 공간에서는 30조 킬로미터 떨어져 있지만, 웜홀을 통한 거리는 수백만 킬로미터에 불과할 수도 있다. 만일 우리가 100미터 달리기 뉴스를 웜홀을 통해서 전송한다면, 그 뉴스는 켄타우로스 좌의 프록시마 성의 의회 개회식 이전에 여유있게 도착할 수 있을 것이다. 또한 켄타우로스 좌의 프록시마 성에서 지구로 이동하는 관찰자도 그를 그 의회 개회

웜홀(벌레구멍) 만일 웜홀이 존재한다면, 웜홀을 우주 속에서 서로 멀리 떨어진 지점들을 연결하는 지름길 역할을 할 수 있다.

식에서 100미터 달리기가 시작되기 이전의 지구에 데려다줄 또 하나의 웜홀을 발견할 수 있을 것이다. 그러므로 웜홀이 존재한다면, 빛보다 빠른 다른 형태의 여행이 가능할 때와 마찬가지로 과거로 여행할 수 있을 것이다.

시공 영역들을 연결하는 웜홀에 대한 생각은 과학소설 작가들의 발명이 아니라 매우 신뢰할 수 있는 연구에서 나왔다. 1935년 아인슈타인과 네이선 로젠은 일반상대성이론이 이른바 "다리(bridge)"를 허용한다는 것을 시사하는 논문을 썼다. 그 다리가 바로 웜홀에 해당한다. 아인슈타인-로젠 다리는 우주선이 통과할 수 있을 만큼 오래 유지되지 않는다. 우주선은 웜홀이 수축하면서 특이점 속으로 빠져버릴 것이다. 그러나 더 발전된 문명은 웜홀을 계속해서 열어놓을 수 있을지도 모른다는 제안이 제기되었다. 그러기 위해서는, 혹은 시간여행을 목적으로 시공을 다른 방식으로 휘기 위해서는, 말 안장의 표면처럼 음(-)의 곡률을 가진 시공 영역이 필요하다. 양의 에너지 밀도를 가진 보통 물질은 시공에 구의 표면처럼 양(+)의 휨을 만든다. 따라서 과거로의 시간여행이 가능하도록 시공을 휘기 위해서 필요한 것은 음의 에너지 밀도를 가진 물질이다.

 음의 에너지 밀도를 가진다는 것은 무엇을 의미할까? 에너지는 돈과 비슷한 측면이 있다. 만일 우리의 은행 계좌에 잔고가 남아 있다면, 우리는 그 돈을 다양한 방식으로 여러 계좌들에 분배할 수 있다. 그러나 20세기 초의 일반적인 고전적 법칙들에 따르면, 잔고 이상의 돈을 인출하는 것은 허용되지 않는다. 그러므로 고전적인 법칙들은 음의 에너지 밀도를 배제하고, 따라서 시간을 거슬러올라가는 여행의 가능성을 배제한다고 할 수 있다. 그러나 앞 장에서 얘기했듯이, 고전적인 법칙들은 불확정성원리에 기반을 둔 양자이론들에게 자리를 내주었다. 양자이론들은 고전적 법칙에 비해 더 관대해서, 전체 계정이 플러스일 때에는 한두 계좌에서 잔고 이상을 인출하는 것을 허용한다. 다시 말해서, 양자이론은 일부 장소에서 에너지 밀도가 음이 되는 것을 허용한다. 물론 그 음의 에너지 밀도는 다른 장소에 있는 양의 에너지 밀도에 의해서 보상되어 에너지 총량이 양으로 유지되어야 한다. 따라서 시공을 휠 수 있고, 또한 시공이 시간여행을 허용하는 방식으로 휘어질 수 있다는 것은 근거 없는 믿음이 아니다.

 파인먼의 역사합산에 의하면, 어떤 의미에서 과거로의 시간여행은 단일한 입자 규모에서 확실히 일어난다. 파인먼의 이론에서 시간을 따라서 나아가는 평범한 한 입자는 시간을 거슬러 나아가는 반입자와 동가이다. 그의 수학에서 함께 만들어진 후 서로를 상쇄하는 입자/반입자 쌍은 시공상의 닫힌 고리에서 움직이는 하나의 입자로 간주할 수 있다. 이를 이해하기 위해서 먼저 그 과정을 고전적인 방식으로 살펴보자. 특정한 시점 —— 그 시점을 A라고 하자 —— 에서 입자와 반입자가 만들어진다. 둘은 시간을 따라서 나아간다. 이어서 나중 시점 —— 그 시점을 B라고 하자 —— 에 둘은 다시 상호작용하여 소멸한다. A 이전이나 B 이후에는 입자가 존재하지 않는다. 그런데 파인먼에 따르면, 이 과정을 다르게 볼 수 있다. A에서 하나의 입자가 만들어지고, 그 입자는 시간을 따라서 B로 간 다음에 시간을 거슬러 A로 돌아온다. 입자와 반입자가 시간을 따라서 함께 움직이는 것이 아니라, 한 개의 물체만이 "고리"에서 A에서 B로 갔다가 돌아온다. 그 물체가 시간을 따라서(A에서 B로) 움직일 때에는 입자라고 불린다. 그러나 그 물체가 시간을 거슬러서(B에서 A로) 움직일 때에는 시간을 따라서 움직이는 반입자로 나타난다.

 이런 시간여행은 관찰 가능한 효과를 보여줄 수 있다. 예를 들면 쌍을 이루는 입자와 반입자 중 하나(이를테면 반입자)가 블랙홀 속으로 떨어지고 다른 하나만 남는다고 해보자. 남은 입자는 역시 블랙홀 속으로 떨어질 수도 있지만, 블랙홀을 스치며 탈출할 수도 있다. 이 경우에 멀리 있는 관찰자에게는 그 입자가 블랙홀에서 방출된 입자로 보일 것이다. 그러나 우리는 블랙

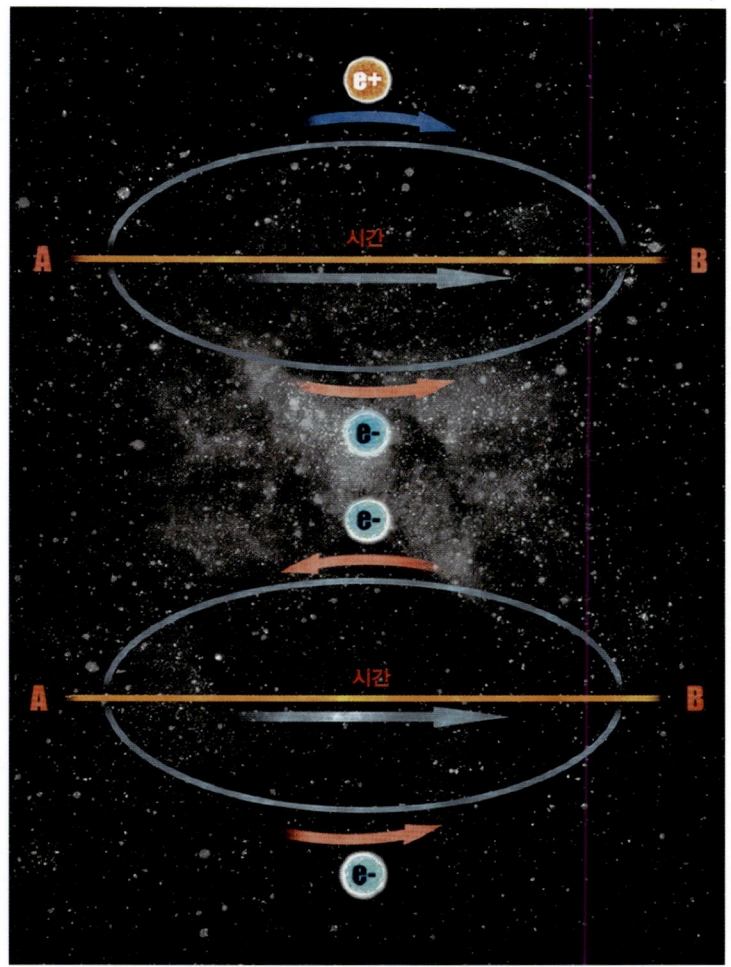

파인먼이 생각한 반입자 반입자는 시간을 거슬러 움직이는 입자로 간주할 수 있다. 그러므로 가상적인 입자/반입자 쌍은 닫힌 고리 모양의 시공을 움직이는 한 개의 입자로 생각할 수 있다.

홀의 복사파 방출 기제에 대해서 직관적인 타당성에서 뒤지지 않는 또 다른 이론을 가질 수 있다. 우리는 입자/반입자 쌍 중에서 블랙홀 속으로 떨어진 것(이를테면 반입자)을 시간을 거슬러 오르면서 블랙홀에서 나오는 입자로 간주할 수 있는 것이다. 그 입자는 입자/반입자 탄생 시점에 도달할 때 블랙홀의 중력장에 의해서 산란되어 시간을 따라서 움직이며 블랙홀을 탈출하는 입자가 된다. 혹은 블랙홀 속으로 떨어진 것이 반입자가 아니라 입자라면, 우리는 그 입자를 시간을 거슬러 오르면서 블랙홀에서 나오는 반입자로 간주할 수 있다. 이렇게 블랙홀의 복사파 방출은 양자이론이 미시적인 규모에서 시간을 거슬러 오르는 여행을 허용한다는 것을 보여준다.

그렇다면, 우리는 이런 질문을 던질 수 있다. 양자이론은 우리가 언젠가 발전된 과학과 공학을 이용하여 타임머신을 만드는 것도 허용할까? 왜 미래로부터 우리에게 와서 시간여행의 방법을 일러주는 사람은 없을까? 원시적인 발전 단계에 있는 현재의 우리에게 시간여행의 비법을 일러주는 것이 지혜롭지 못한 일이기 때문이라는 이유를 댈 수 있을지도 모른다. 그러나 인간의 본성이 근본적으로 바뀌지 않는 한, 미래로부터 누군가가 와서 비밀을 누설하지 않는다는 것은 믿기 어려운 일이다. 물론 어떤 사람들은 UFO의 출몰이 외계인이나 미래의 인간들이 우리를 방문하고 있다는 증거라고 주장할 것이다(다른 별들의 엄청난 거리를 생각할 때, 외계인들이 적당한 시간에 이곳에 도착하려면 빛보다 더 빠른 여행이 필요할 것이다. 그러므로 미래로부터 방문자가 올 가능성과 외계인이 올 가능성은 같다고 할 수 있다). 미래로부터 온 방문자가 없다는 것을 설명하는 한 가지 가능한 방법은, 과거를 우리가 관찰했고 그 속에 미래로부터의 여행에 필요한 종류의 힘이 없다는 것을 보았기 때문에 과거가 고정되었다고 말하는 것이다. 다른 한편으로, 미래는 알려지지 않았고 열려 있다. 그러므로 필요한 힘이 있을지도 모른다. 이것은 시간여행이 미래에 국한된다는 것을 의미할 수 있다. 「스타 트랙」의 커크 선장과 우주선 엔터프라이즈 호가 현재에 나타날 가능성은 없을 것이다.

아직까지 미래로부터 온 여행자들이 존재하지 않는 이유는 그렇게 설명할 수 있을지도 모른다. 그러나 또다른 종류의 문제도 있다. 그 문제는 과거로 가서 역사를 바꿀 가능성과 관련된다. 그런 일이 가능하다면 문제가 발생하지 않을까? 예를 들면, 누군가가 과거로 가서 나치에게 원자폭탄의 비밀을 알려준다고 가정해보자. 혹은 우리가 과거로 돌아가서 우리의 고조할아버지를, 그가 자식을 가지기 전에 죽인다고 가정해보자. 이 역설은 많은 형태들로 변형되어 있지만, 그것들은 모두 본질적으로 동일하다. 핵심적인 문제는, 만일 과거를 자유롭게 바꿀 수 있다면, 모순에 빠진다는 것이다.

시간여행이 야기하는 역설에 대한 두 가지의 가능한 해결책이 있는 것처럼 보인다. 첫 번째 해결책은 무모순적 역사 접근법(consistent histories approach)이라고 부를 수 있을 것이다. 그 해결책에 따르면, 시공이 과거로의 여행이 가능하도록 휘어져 있더라도, 시공상에서 일어나는 일은 물리학 법칙들의 무모순적인 해이어야 한다. 다시 말해서 이 해결책에 따르면, 우리가 과거로 가서 고조할아버지를 죽이는 등의 현재 상황에 이르게 된 우리의 역사에 모순되는 행동을 했다고 역사가 말하지 않는 한, 우리는 과거로 가서 그런 행동을 할 수 없다. 그뿐만 아니라 우리가 정말로 과거로 간다고 해도, 우리는 기록된 역사를 바꿀 수 없을 것이다. 우리는 다만 역사를 따르게 될 것이다. 이 입장에서 보면 과거와 미래는 미리 정해져 있다. 우리에게는 우리가 원하는 것을 할 자유의지가 없을 것이다.

물론 자유의지는 어차피 환상이라고 말할 수도 있을 것이다. 모든 것을 지배하는 포괄적인 물리학 이론이 정말로 존재한다면, 그 이론은 우리의 행동도 결정할 것이다. 그러나 그 이론은 인간처럼 복잡한 생물에 대해서는 계산이 불가능한 방식으로 행동을 결정하며, 양자역학적인 효과들에 기인한 임의성을 허용할 것이다. 따라서 인간은 자유의지를 가지고 있다고 우리는 말한다. 왜냐하면 인간이 무엇을 할지 우리가 예측할 수 없기 때문이다. 그러나 어떤 사람이 로켓을 타고 출발하여 출발 이전의 과거로 간다면, 우리는 그가 무엇을 할지 예측할 수 있을 것이다. 왜냐하면 그의 행동은 기록된 역사의 일부일 것이기 때문이다. 그러므로 그 경우에 시간여행자는 어떤 의미에서도 자유의지를 가지지 못할 것이다.

시간여행의 역설을 해결하는 또 하나의 가능한 방법은 '대체 역사 가설(alternative histories hypothesis)'이라고 부를 수 있을 것이다. 이 해결책에 따르면, 시간여행자가 과거로 간다면, 그는 기록된 역사와 다른 대체 역사 속으로 들어가게 된다. 그러므로 그는 자신의 과거 역사와 일관되어야 한다는 제약을 받지 않고 자유롭게 행동할 수 있다. 스티븐 스필버그는 영화 「백 투 더 퓨처(Back to the Future)」에서 이 생각을 재미있게 이용했다. 주인공 마티 맥플라이는 과거로 가서 자기 부모의 연애를 더 만족스러운 역사로 바꾸어놓았다.

대체 역사 가설은 제9장에서 언급한 것처럼 양자이론을 역사 합산으로 표현하는 리처드 파인먼의 방법과 유사하다. 파인먼의 방법은 우주가 단 하나의 역사를 가지는 것이 아니라고 말한다. 오히려 우주는 각각 고유한 개연성을 가진 수많은 가능한 역사들을 가지고 있다. 그러나 파인먼의 제안과 대체 역사 가설 사이에는 중요한 차이가 있는 듯하다. 파인먼의 합산에서 각각의 역사는 완전한 시공과 그 속에 있는 모든 것을 포함한다. 그 시공은 로켓을 타고 과거로 여행하는 것이 가능하도록 휘어질 수 있다. 그러나 로켓은 동일한 시공 속에, 따라서 모순이 없어야 하는 동일한 역사 속에 머물 것이다. 그러므로 파인먼의 역사합산은 대체 역사 가설보다는 무모순적 역사 가설을 지지하는 것 같다.

우리는 '시간 순서 보호 가설(chronology protection conjecture)'이라고 부를 수 있는 입장을 취함으로써 문제를 우회할 수도 있다. 이 가설에 의하면, 물리학 법칙들은 거시적인 물체가 과거로 정보를 운반하는 것을 막는다. 이 추측은 아직 증명되지 않았지만, 참이라고 믿을 만한 이유가 있다. 그 이유는, 시공이 과거로의 여행이 가능하도록 충분히 휘어 있을 경우, 양자이론을 써서 계산해보면 닫힌 고리를 도는 입자/반입자 쌍이 시공에 양의 곡률을 부여하기에 충분한 에너지 밀도를 산출하여 시간여행을 허용하는 휨에 반발할 수 있기 때문이다. 그것이 사실인지 아닌지는 아직 확실치 않다. 그러므로 시간여행의 가능성은 열려 있다. 그러나 돈을 걸지는 말자. 우리의 상대방은 미래를 알고 있을지도 모른다.

제11장
자연계의 힘들과 물리학의 통일이론

제3장에서 설명했듯이, 우주 속에 있는 모든 것을 포괄하는 완전한 통일이론을 단번에 구성하기는 매우 어려울 것이다. 그래서 우리는 한정된 범위의 사건들을 기술하는 부분이론들을 발견하고 다른 영향력들을 무시하거나 근사치로 바꾸는 방법으로 물리학을 발전시켜왔다. 현재 우리가 아는 과학법칙들 속에는 최소한 현재로서는 우리가 이론적으로 예측할 수 없는 많은 수들이 들어 있다 —— 예를 들면, 전자의 전하량의 크기, 양성자와 전자의 질량 비율 등이 그런 수이다. 우리는 그 수들을 관찰을 통해서 발견하여 방정식 속에 집어넣어야 한다. 어떤 과학자들은 그 수들을 "기본상수(fundamental constant)"라고 부르지만, 다른 과학자들은 임시 인수(fudge factor)라고 부른다.

우리의 관점이 어떻든, 놀라운 사실은 그 수들의 값이 생명의 탄생과 진화가 가능하도록 매우 정교하게 조정되어 있는 듯이 보인다는 것이다. 예를 들면 전자의 전하량이 약간만 달랐다면, 별들에서 중력과 전자기력의 균형이 깨져서 별들은 수소와 헬륨을 연소시킬 수 없거나 폭발했을 것이다. 어느 경우이든 생명은 존재할 수 없었을 것이다. 우리는 언젠가 모든 부분이론들을 근사적인 이론으로 포함하며 전자의 전하량 같은 임의의 수들의 값을 관측 사실에 맞추어 조정할 필요가 없는 완벽하고 무모순적이고 통일적인 이론이 발견될 것이라는 희망을 품을 수 있다.

그런 이론을 향한 노력을 우리는 물리학의 통일(the unification of physics)이라고 부른다. 아인슈타인은 만년의 대부분을 통일이론을 찾는 데에 보냈지만, 성과를 거두지 못했다. 그러나 당시는 너무나 시기상조였다. 중력과 전자기력에 대한 부분이론들은 당시에도 있었지만, 핵력들에 대해서는 알려진 것이 거의 없었다. 뿐만 아니라 제9장에서 언급했던 것처럼 아인슈타인은 양자역학의 진실성을 믿지 않았다. 그러나 불확정성원리는 우리가 사는 우주의 근본적인 성질로 보인다. 그러므로 성공적인 통일이론은 이 원리를 반드시 포함해야 한다.

우주에 대해서 매우 많은 것을 알게 된 지금 통일이론이 발견될 전망은 보다 높아진 것 같다. 그러나 지나친 자만심은 금물이다. 과거에도 우리는 헛된 기대에 부푼 적이 있었다! 예를 들면, 20세기 초에 사람들은 모든 것을 탄성이나 열전도성과 같이 모든 물리현상은 연속적인 물질의 속성이라는 관점을 통해서 설명할 수 있다고 생각했다. 그 생각은 원자구조와 불확정성원리가 발견됨으로써 종말을 맞았다. 그 후 1928년에 노벨상 수상자인 물리학자 막스 보른은 괴팅겐 대학교를 방문한 사람들에게 이렇게 말했다. "우리가 지금 알고 있는 물리학은 6개월 안에 종말을 맞을 것입니다." 그의 자신감은 당시 디랙이 전자를 지배하는 방정식을 발견한 것에 근거를 두고 있었다. 사람들은 그와 유사한 방정식이 당시 전자 이외에는 유일하게 알려져 있었던 다른 입자인 양성자에 적용될 것이며, 그것이 이론물리학의 종말이 될 것이라고 생각했다. 그러나 중성자와 핵력이 발견되면서 그 믿음 역시 깨어지고 말았다. 그러나 이 모든 선례들에도 불구하고, 오늘날 우리가 자연의 궁극적인 법칙들을 향한 탐구를 끝내기 직전에 이르렀다는 조심스러운 낙관론을 가질 근거들이 있다.

양자역학에서는 물질입자들 사이의 모든 힘 혹은 상호작용이 입자들에 의해서 운반된다고 생각한다. 전자나 쿼크 같은 물질입자가 힘-운반 입자를 방출한다는 것이다. 포탄을 발사한 후 포가 뒤로 밀리는 것과 마찬가지로, 입자 방출의 반동으로 물질입자의 속도가 변한다. 이어서 힘-운반 입자는 다른 물질입자와 충돌하고 흡수되며, 그 입자의 운동을 변화시킨다. 이러한 힘-운반 입자의 방출 및 흡수 과정의 최종적인 결과는 마치 두 물질입자들 사이에 힘이 작용하는 것과 같다.

각각의 힘은 그 힘에 고유한 종류의 힘-운반 입자에 의해서 전달된다. 힘-운반 입자가 높은 질량을 가지면, 그 입자를 방출하여 먼 거리에서 교환하기가 어려울 것이다. 따라서 그 입자

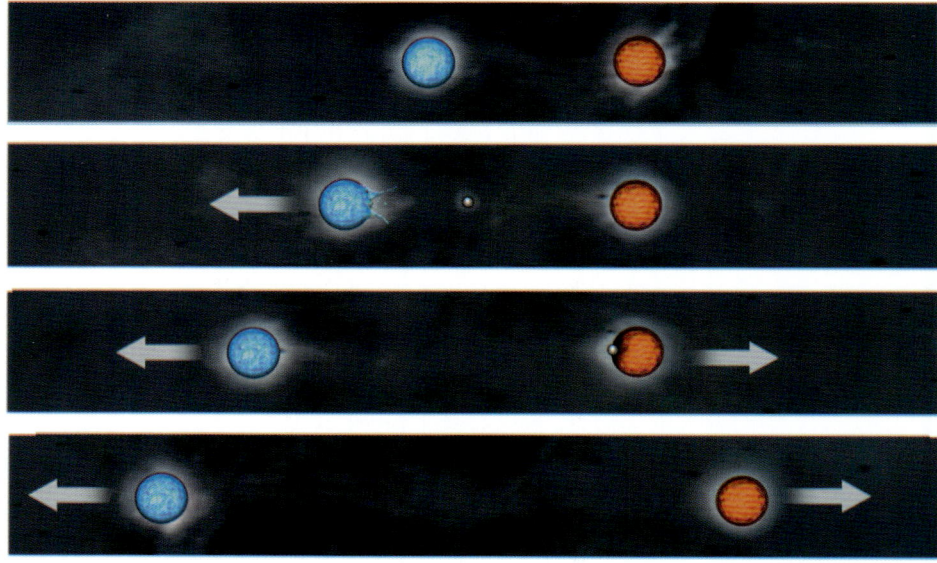

입자 교환 양자이론에 따르면, 힘은 힘-운반 입자들의 교환에서 생긴다.

가 운반하는 힘은 작용 거리가 짧을 것이다. 반대로 힘-운반 입자가 질량을 가지지 않으면, 대응하는 힘의 작용 거리는 길 것이다. 물질입자들 사이에서 교환되는 힘-운반 입자들은 가상입자(virtual particle)라고 불린다. 왜냐하면 그 입자들은 실제 입자들과 달리 입자검출기에서 직접 검출되지 않기 때문이다. 그러나 우리는 그 입자들이 존재한다는 것을 안다. 왜냐하면 그 입자들은 측정 가능한 작용들을 하기 때문이다. 그 입자들은 물질입자들 사이에서 작용하는 힘을 발생시킨다.

힘-운반 입자들은 네 가지 범주들로 분류될 수 있다. 이러한 네 가지 분류가 인위적인 것이라는 것을 강조할 필요가 있다.

그 분류는 부분이론의 구성에 편리하지만, 그 이상의 어떤 것에도 상응하지 않을 수 있다. 궁극적으로 대부분의 물리학자들은 각 범주에 대응하는 네 가지 힘 모두를 하나의 힘의 서로 다른 측면으로 설명하는 통일이론을 발견하게 되기를 희망한다. 실제로, 많은 물리학자들은 그것이 오늘날 물리학의 가장 중요한 목표라고 말할 것이다.

첫 번째 범주는 중력(gravitational force)이다. 중력은 보편적인 힘이다. 모든 입자는 질량, 즉 에너지를 반드시 가지고 있다. 중력은 중력자(重力子, graviton)라고 불리는 가상입자의 교환에 의해서 생긴다고 설명된다. 중력은 다른 세 힘보다 훨씬 약하다. 중력은 너무나 약해서, 그것이 지닌 두 가지 특성이 없었다면, 우리는 중력을 감지하지 못했을 것이다. 그 두 가지 특성은 아무리 먼 거리에서도 작용한다는 것과, 항상 인력으로 작용한다는 것이다. 이는 지구나 태양과 같은 거대한 물체 속에 있는 개별 입자들 사이에서 작용하는 매우 약한 중력이 모두 합해져서 큰 힘을 산출할 수 있음을 의미한다. 나머지 다른 세 힘은 작용거리가 짧거나, 때에 따라서 인력과 척력으로 작용하므로 서로를 상쇄하는 경향이 있다.

두 번째 범주는 전자기력(electromagnetic force)이다. 전자기력은 전자나 쿼크와 같이 전하를 띤 입자들과는 상호작용을 하지만, 중성미자처럼 전하를 띠지 않은 입자들과는 상호작용을 하지 않는다. 전자기력은 중력보다 훨씬 더 강하다. 두 전자 사이에 작용하는 전자기력은 중력보다 100만의 100만 배의 100

만 배의 100만 배의 100만 배의 100만 배의 100만 배(10^{42}) 더 강하다. 그러나 두 종류의 전하, 즉 양전하와 음전하가 존재한다. 두 양전하들 사이의 힘과 두 음전하들 사이의 힘은 척력인 반면, 양전하와 음전하 사이의 힘은 인력이다.

지구나 태양과 같은 거대한 물체는 거의 같은 수의 양전하와 음전하를 가지고 있다. 그러므로 개별 입자들 사이의 인력과 척력은 거의 모두 상쇄되고, 결과적으로 남는 전자기력은 매우 작다. 그러나 원자나 분자와 같이 크기가 작은 규모에서는 전자기력이 지배적인 역할을 한다. 음의 전하를 띤 전자들과 양의 전하를 띤 핵 속의 양성자들 사이의 전자기력은 전자를 원자핵 주위의 궤도에 묶어둔다. 이는 중력이 지구를 태양 주위의 궤도에 묶어두는 것과 유사하다. 전자기력은 광자라고 불리는 수많은 가상입자들의 교환에 의해서 생긴다고 설명된다. 다시 말하지만, 교환되는 광자들은 가상입자들이다. 그러나 전자가 바깥쪽의 궤도에서 핵에 더 가까운 안 쪽의 궤도로 자리를 옮기면, 에너지가 발산되고 실제 광자가 방출된다. 만일 그 광자가 적당한 파장을 가지고 있다면, 그 광자는 우리의 눈에 가시광선으로 보일 것이다. 혹은 사진 필름 같은 광자 검출 장치로도 그 광자를 관찰할 수 있다. 마찬가지로 실제 광자가 원자와 충돌하면, 그 광자에 의해서 전자는 핵에 가까운 궤도에서 먼 궤도로 옮겨갈 수 있다. 이 과정에서 광자의 에너지가 모두 소모되기 때문에, 광자는 흡수된다.

세 번째 범주는 약한 핵력(weak nuclear force)이라고 부르는 것이다. 일상생활에서 우리는 이 힘을 직접 경험하지 못한다. 그러나 약한 핵력은 원자핵의 붕괴인 방사능의 원인이다. 약한 핵력은 1967년에 런던 임페리얼 칼리지의 압두스 살람과 하버드 대학교의 스티븐 와인버그가 약한 핵력과 전자기력을 통합하는 이론을 제안하기 전까지는 잘 이해되지 못했다. 두 과학자의 이론은 약 100년 전 전기력과 자기력을 통합한 맥스웰의 이론에 비견될 수 있다. 두 사람의 이론이 내놓은 예측들은 실험결과와 너무나 잘 들어맞았고, 살람과 와인버그는 1979년 셸던 글래쇼와 함께 노벨 물리학상을 받았다. 글래쇼는 역시 하버드 대학교에서 연구하는 물리학자로 살람과 와인버그의 이론과 유사하게 약한 핵력과 전자기력을 통합하는 이론을 제안했다.

네 번째 범주는 네 힘 중 가장 강력한 강한 핵력(strong nuclear force)이다. 이 힘 역시 우리가 직접 경험하지 못하는 힘이다. 그러나 강한 핵력은 우리의 일상세계 속의 거의 모든 것에 관여한다. 강한 핵력은 양성자와 중성자 속의 쿼크들을 결합시키고, 양성자와 중성자를 원자핵 속에 묶어둔다. 강한 핵력이 없으면, 양의 전하를 띤 양성자들 간의 전기적 척력에 의해서 단 하나의 양성자로 이루어진 수소의 핵을 제외한 나머지 모든 원자핵들이 산산조각났을 것이다. 강한 핵력은 글루온(gluon)이라고 하는 입자에 의해서 운반된다고 믿어진다. 글루온은 자기 자신과 쿼크들과만 상호작용한다.

전자기력과 약한 핵력의 성공적인 통합에 고무된 많은 학자들은 그 두 힘과 강한 핵력을 결합하여, 이른바 대통일이론

(grand unified theory, GUT)을 구성하려는 시도를 했다. 대통일이론이라는 명칭은 과장된 것이라고 할 수 있다. 대통일이론은 중력을 포함하지 않으므로, 완전한 통일이론에 이르지 못한다. 대통일이론은 또한 진정한 의미에서 완전한 이론도 아니다. 왜냐하면 그 값을 이론적으로 예측할 수 없고 실험을 통해서 취사선택해야 하는 많은 매개변수들을 포함하기 때문이다. 그럼에도 불구하고 대통일이론은 완전한 통일이론을 향한 한 단계일 수 있다.

중력을 다른 힘들과 통합하는 이론을 발견하는 과정에서 부딪히는 주요 난점은 유독 중력이론 —— 일반상대성이론 —— 만은 양자이론이 아니라는 것이다. 중력이론은 불확정성원리를 무시한다. 그러나 다른 힘들에 대한 부분이론들은 본질적으로 양자역학에 의존하므로, 중력과 다른 힘들을 통합하려면 일반상대성이론에 불확정성원리를 집어넣는 방법을 발견해야 한다. 다시 말해서 아직까지 아무도 발견하지 못한 이른바 양자중력이론(quantum theory of gravity)을 발견해야 한다.

양자중력이론을 만들기가 매우 어려운 이유는, 불확정성원리에 의하면 "빈" 공간도 가상입자와 반입자의 쌍들로 채워져 있기 때문이다. 만일 "빈" 공간이 정말로 완전히 비어 있다면, 그것은 중력장과 전자기장과 같은 모든 장들이 정확히 제로가 되어야 한다는 것을 의미한다. 그러나 어떤 장의 값과 그것의 시간적 변화율은 입자의 위치 및 속도(위치의 시간적 변화율)와 유사하다. 불확정성원리에 따르면, 그 두 양 중 하나를 더 정확히 알면 알수록 다른 양에 대한 앎은 그만큼 정확성이 떨어진다. 그러므로 만일 빈 공간 속의 장이 정확히 제로로 고정되어 있다면, 그 장은 정확한 값(제로)과 정확한 변화율(제로)을 가질 것이므로, 불확정성원리를 위반한다. 따라서 장의 값에는 최소한의 불확정성, 즉 양자 요동(quantum fluctuation)이 있어야 한다.

우리는 그 요동을 한 시점에 나타나서 서로 멀어지고, 다시 다가와서 서로 상쇄하는 입자의 쌍으로 생각할 수 있다. 그 입자들은 힘을 운반하는 입자들처럼 가상입자들이다. 즉 실제 입자와 달리 입자 검출기로 직접 관찰할 수 없다. 그러나 전자 궤도의 에너지에 나타나는 작은 변화와 같은 그것들의 간접적인

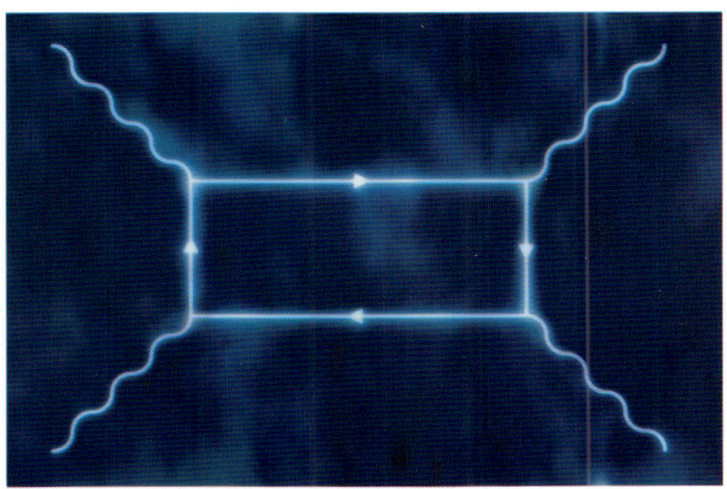

가상입자/반입자 쌍을 보여주는 파인먼의 다이어그램 불확정성 원리를 전자에 적용하면, 빈 공간에서도 가상입자/반입자 쌍이 발생하고 이어서 서로 상쇄된다는 결론이 나온다.

효과들은 측정될 수 있고, 측정된 효과는 이론적인 예측과 매우 정확하게 일치한다. 전자기장의 요동에 대응하는 입자는 가상광자이며, 중력장의 요동에 대응하는 입자는 가상중력자이다. 반면에 약한 핵력과 강한 핵력의 장의 요동에 대응하는 가상입자 쌍은 전자나 쿼크와 같은 물질입자들과 그것들의 반입자들이다.

문제는 가상입자들이 에너지를 가진다는 점이다. 생각해보면 무한히 많은 가상입자 쌍들이 있으므로, 그것들은 무한한 양의 에너지를 가질 것이고, 따라서 아인슈타인의 방정식 $E=mc^2$(제5장 참조)에 의해서 무한한 질량을 가질 것이다. 일반상대성이론에 따르면, 이는 가상입자들의 중력이 우주를 휘게 함으로써 무한히 작은 크기로 만든다는 것을 의미한다. 그러나 그런 일은 분명히 생기지 않는다! 다른 부분이론들 —— 강한 핵력, 약한 핵력, 전자기력에 대한 이론들 —— 에서도 이와 유사하게 터무니없는 듯한 무한(infinity)의 문제가 발생한다. 그러나 그 모든 경우에 재규격화(renormalization)라고 불리는 과정을 통해서 무한을 제거할 수 있다. 우리는 이에 힘입어 그 힘들에 대한 양자이론을 만들어낼 수 있었다.

재규격화는 이론에서 발생하는 무한을 없애는 효과를 지니는 새로운 무한을 도입하는 일이다. 그러나 이론 속의 무한을 정확히 없앨 필요는 없다. 작은 여분이 남도록 새로운 무한을 선택할 수 있다. 그 여분은 재규격화된 양(renomalized quantity)이라고 불린다.

이 기법은 실제 적용에서 수학적으로 의심스러운 면이 있지만 잘 작동하는 듯이 보인다. 이 기법은 강한 핵력과 약한 핵력과 전자기력에 대한 이론에서 사용되어 관찰과 매우 정확하게 일치하는 예측들을 산출했다. 그러나 완전한 이론을 찾는 노력의 관점에서 보면 재규격화에는 심각한 결함이 있다. 왜냐하면 재규격화는 질량과 힘의 세기의 실제 값을 이론적으로 예측할 수 없고 관찰에 맞게 선택해야 함을 의미하기 때문이다. 양자 무한들을 일반상대성이론에서 제거하려고 재규격화를 이용할 때에 조절될 수 있는 양은 두 가지뿐이다. 그 두 가지 양 중 하나는 중력의 세기이고, 다른 하나는 아인슈타인이 우주가 팽창하지 않는다고 믿었기 때문에 그의 방정식에 도입한 우주상수의 값이다(제7장 참조). 그런데 그 두 양을 조절하는 것만으로 모든 무한을 제거할 수 있는 것은 아니다. 그러므로 양자이론은 여전히 시공의 곡률과 같은 특정한 양들이 실제로 무한하다고 예측하는 것 같다. 그러나 그 양들은 완전히 유한한 값으로 관찰되고 측정된다.

이것이 일반상대성이론과 불확정성원리를 결합하는 과정에서 문제가 될 것이라는 추측은 얼마 전부터 있었지만, 그 추측이 정밀한 계산에 의해서 최종적으로 입증된 것은 1972년이었다. 4년 후 초중력(supergravity)이라는 그럴듯한 해결책이 제안되었다. 불행하게도 초중력이론 속에 제거되지 않은 무한들이 남아 있는지 여부를 알기 위해서 필요한 계산은 너무 길고 난해해서 아무도 감행할 엄두를 내지 못했다. 컴퓨터를 이용한다고 해도 여러 해가 걸릴 것으로 예상되었고, 최소한 한 번 이상의 실수를 범할 가능성이 매우 높았다. 그러므로 계산 결과가 옳다는 것을 확인할 수 있는 유일한 가능성은, 여러 사람이 반복해서 계산을 하여 동일한 결과를 얻는 것뿐이었고, 그런 일이 일어날 가능성은 매우 희박해 보였다! 이런 문제들에도 불구하고, 그리고 초중력이론 속의 입자들이 관찰된 입자들과 일치하지 않는 듯하다는 견해에도 불구하고, 대부분의 과학자들은 초중력이론이 중력과 다른 힘들을 통합하는 문제에 대한 옳은 해답이 될 것이라고 믿었다. 그 후 1984년 물리학자들의 견해는 큰 변화를 맞았고, 끈이론(string theory)이 새로운 희망으로 등장했다.

끈이론 이전에는 기본입자들이 각각 공간의 한 점을 차지한다고 생각되었다. 끈이론에서 기본적인 물체는 점 입자(point particle)가 아니라, 무한히 가는 끈조각처럼 길이는 있지만 다른 차원은 없는 물체이다. 끈은 양끝을 가질 수도 있고(열린 끈), 양끝이 연결되어 닫힌 고리를 형성할 수도 있다(닫힌 끈). 입자는 매 순간 공간에서 하나의 점을 차지한다. 반면에 끈은 매 순간 공간에서 하나의 선을 차지한다. 두 개의 끈이 결합하여 하나의 끈을 이룰 수도 있다. 열린 끈들의 경우에는 두 끝이 연결되는 방식으로 간단하게 결합이 이루어지고, 닫힌 끈들의 경우에는 바지의 두 가랑이가 하나로 합쳐지는 것과 유사한 방식으로 결합이 이루어진다. 마찬가지로 하나의 끈이 두 개의 끈으로 분리될 수도 있다.

우주 속의 기본적인 물체가 끈이라면, 우리가 실험에서 관찰하는 점 입자는 무엇일까? 끈이론은 과거에 다양한 점 입자들로 생각했던 것들을 진동하는 연줄의 파동처럼 끈에서 일어나는 다양한 파동들로 생각한다. 그러나 끈과 끈의 진동은 매우 미세하여 우리가 가진 최고의 기술로도 그 모양을 선명하게 볼 수 없고, 따라서 끈은 우리의 모든 실험에서 모양이 없는 미세한 점으로 행동한다. 먼지 조각을 관찰하는 것을 상상해보자. 돋보기로 보면 먼지 조각은 불규칙한 형태나 심지어 끈과 같은 형태를 가지고 있다는 것을 발견할 수 있을지도 모른다. 그러나 멀리서 보면 형태가 없는 점처럼 보일 뿐이다.

끈이론에서 입자가 다른 입자를 방출하거나 흡수하는 것은 끈이 분할되거나 결합되는 것에 해당한다. 예컨대 태양이 지구에 미치는 중력은 입자이론에서 태양에 있는 물질입자들이 중력자라는 힘-운반 입자들을 방출하고, 그 입자들이 지구에 있는 물질입자들에 의해서 흡수되어 생기는 것이라고 생각되었다. 끈이론에서 이 과정은 H 형의 튜브 혹은 파이프에 대응된다(어떤 면에서 끈이론은 관을 다루는 기술과 비슷하다). H의 두 수직변은 태양과 지구에 있는 입자들에 해당하고, 수평을 가로지르는 선은 그 물질들 사이를 움직이는 중력자에 해당한다.

끈이론은 기묘한 역사를 가지고 있다. 끈이론은 원래 1960년대에 강한 핵력을 기술하는 이론을 찾던 시도 속에서 창안되었다. 기본적인 발상은, 양성자나 중성자와 같은 입자들을 끈에 생기는 파동으로 간주할 수 있다는 것이었다. 입자들 사이의 강

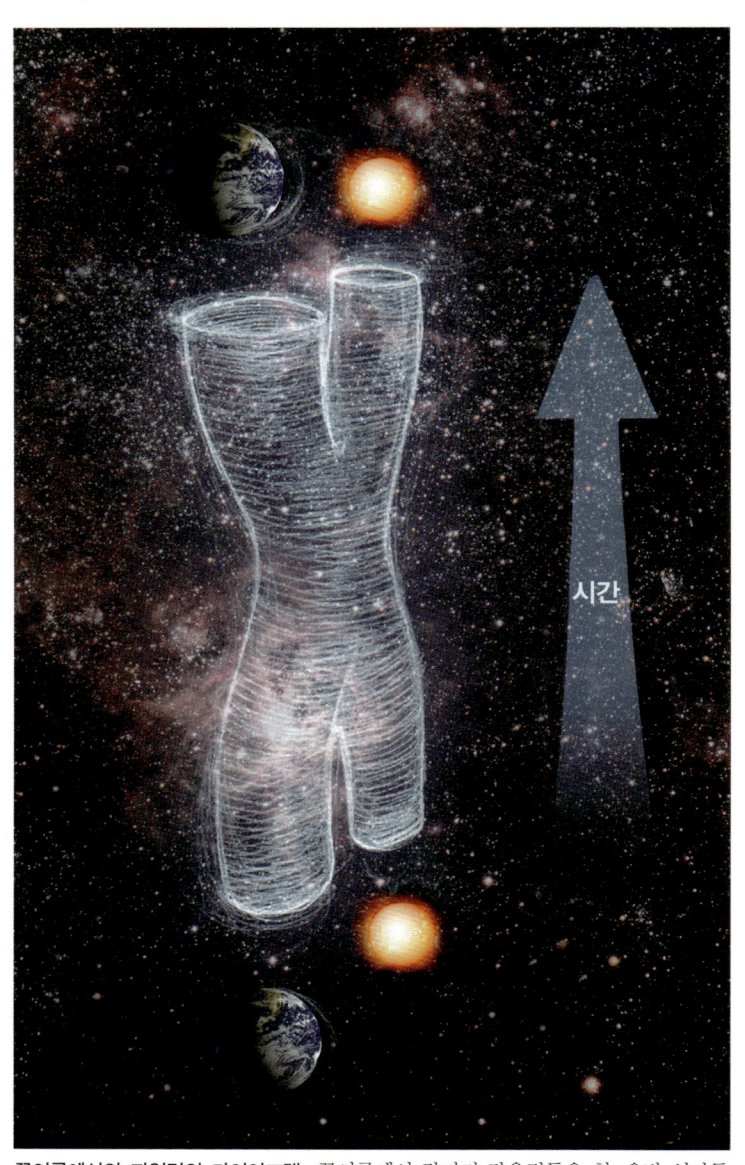

끈이론에서의 파인먼의 다이어그램 끈이론에서 장거리 작용력들은 힘-운반 입자들의 교환에서 비롯되는 것이 아니라 관들의 결합에 의해서 생긴다고 생각한다.

한 핵력은 거미줄에서처럼 다른 끈들 사이를 연결하는 끈에 해당될 수 있었다. 끈이론이 입자들 사이의 강한 핵력에서 관찰된 것과 같은 값을 산출하려면, 끈들이 약 10톤의 장력을 발휘하는 고무줄과 흡사해야 했다.

1974년 파리 고등사범학교 출신의 조엘 셔크와 캘리포니아 공과대학 출신의 존 슈워츠는 한 논문을 발표했다. 그 논문에서 그들은 끈이론이 중력을 기술할 수는 있지만, 그것은 끈의 장력(張力)이 약 10억의 1백만 배의 1백만 배의 1백만 배의 1백만 배의 1백만 배 톤(10^{39}톤)이 되어야 가능하다고 주장했다. 끈이론의 예측들은 일반적인 길이의 척도에서는 일반상대성이론의 예측들과 동일하지만, 10억의 1백만 배의 1백만 배의 1백만 배의 1백만 센티미터(10^{33}분의 1센티미터)보다 작은 극미한 길이의 척도에서는 다른 것처럼 보였다. 셔크와 슈워츠의 논문은 많은 주목을 받지 못했다. 왜냐하면 당시 대부분의 사람들은 강한 핵력에 대한 끈이론보다는 관찰 결과와 훨씬 더 잘 일치하는 듯이 보이는 쿼크와 글루온을 기초로 하는 이론을 선호하고 있었기 때문이다. 셔크는 비극적인 상황에서 사망했다(그는 당뇨병을 앓고 있었고, 인슐린 주사를 놓아줄 사람이 곁에 없을 때에는 혼수상태에 빠졌다). 그리하여 슈워츠는 끈이론의 거의 유일한 지지자가 되었고, 끈의 장력은 이전보다 훨씬 더 높은 값으로 계산되었다.

끈이론에 대한 관심은 1984년 두 가지 원인 때문에 갑자기 부활했다. 하나는 사람들이 초중력이 유한하다거나, 또는 그것이 우리가 관찰하는 종류의 입자들을 설명할 수 있다는 것을 입증하는 데에 실제로 큰 진척을 이루지 못했다는 것이다. 다른 하나는 슈워츠가 런던의 퀸 메리 칼리지의 마이크 그린과 함께 발표한 논문이었다. 그 논문은 우리가 관찰하는 일부 입자들처럼 내재적인 왼손잡이 성질을 가진 입자들의 존재를 끈이론으로 설명할 수 있음을 보여주었다(대부분의 입자들의 행동은 실험장치를 거울에 비추어서 왼쪽과 오른쪽을 역전시키더라도 변함이 없다. 그러나 일부 입자들의 행동은 달라진다. 그 입자들은 마치 왼손잡이 —— 혹은 오른손잡이 —— 인 것처럼 행동한다). 원인이 무엇이었든 간에 곧 많은 사람들이 끈이론을 연구하기 시작했고, 새로 개량된 끈이론이 만들어졌다. 그 이론은 우리가 관찰하는 입자들의 종류를 설명할 수 있을 듯이 보였다.

끈이론에서도 무한(infinity)의 문제들이 발생했다. 그러나 사람들은 이론의 수정을 통해서 그 무한들을 모두 제거할 수 있을 것이라고 생각했다(물론 확신할 수는 없었다). 그러나 끈이론에는 더 큰 문제가 있었다. 끈이론이 일관적이 되려면, 시공이 통상적인 4차원이 아니라 10차원 또는 26차원을 가져야 하는 것처럼 보였던 것이다! 과학소설에서는 물론 추가적인 시공의 차원들이 흔히 등장한다. 실제로 시공의 차원을 추가하는 것은 빛보다 빠른 여행이나 시간여행을 허용하지 않는 일반상대성이론의 제약을 극복하는 이상적인 방법으로 애용된다(제10장 참조). 흔히 등장하는 발상은 추가된 차원들을 통과하는 지름길을 이용하는 것이다. 우리가 사는 공간이 2차원이고 도넛의 표면처럼 원을 그리며 휘어져 있다고 상상해보자. 만일 도넛의 안쪽 면에 있는 사람이 반대편으로 가려고 한다면, 목표지점에 도달할 때까지 안쪽 면을 따라서 원을 그리며 나아가야 할 것이다. 그러나 만일 우리가 3차원 속을 여행할 수 있다면, 우리는 도넛 표면을 떠나서 직선으로 목표지점에 도달할 수 있을 것이다.

  추가 차원들이 정말로 존재한다면, 우리는 왜 그것을 감지하지 못하는 것일까? 우리는 왜 세 개의 공간차원과 한 개의 시간차원만 볼 수 있을까? 그 이유는 추가 차원들이 우리에게 익숙한 차원들과 다르기 때문이다. 추가 차원들은 1센티미터의 1백만 분의 1의 1백만 분의 1의 1백만 분의 1의 1백만 분의 1의 1백만 분의 1이라는 작은 공간 속으로 감겨들어가 있다는 것이다. 그 크기는 너무나 작아서 우리에게 전혀 감지되지 않는다. 우리는 오직 한 개의 시간차원과 세 개의 공간차원을 보며, 그 속에서 시공은 대체로 평평하다. 이해를 돕기 위해서 빨대의 표면을 생각해보자. 그 표면을 자세히 보면, 2차원이라는 것을 알 수 있다. 즉 빨대에 있는 한 점의 위치는 두 개의 수, 즉 길이 차원에서 측정한 거리와 원주를 둥글게 도는 차원에서 측정한 거리로 기술된다. 그런데 원형 차원에서의 거리는 길이 차원에서의 그것보다 훨씬 더 작다. 그 때문에 빨대를 멀리서 보면, 빨대의 굵기가 보이지 않아 빨대가 1차원으로 보인다. 즉 점의 위치를 기술하기 위해서 길이 차원에서 측정한 거리만 제시하면 될 것 같다. 끈이론가들은 시공의 경우도 마찬가지라고 말한다. 그들에 따르면, 시공은 매우 작은 규모에서는 10차원이고 심하게 휘어져 있지만, 큰 규모에서는 휨과 추가 차원들이 보이지 않는다.

만일 이러한 생각이 옳다면, 우주여행을 계획하는 사람에게는 실망스러운 소식이 아닐 수 없다. 추가 차원들이 너무 작아서 우주선이 통과할 수 없을 것이기 때문이다. 그러나 과학자들에게도 큰 문제가 생긴다. 전부는 아닐지라도 일부 차원들이 왜 작은 구(球) 속으로 휘어져 들어가 있을까? 아마도 매우 초기의 우주에서는 모든 차원들이 극도로 휘어져 있었을 것이다. 왜 나머지 차원들은 그대로 말려 있는데, 한 개의 시간차원과 세 개의 공간차원은 평평하게 펴졌을까?

인간 중심 원리(anthropic principle)라고 일컬어지는 것에서 한 가지 그럴듯한 대답을 찾을 수 있다. 그것은 "우리가 존재하기 위해서는 우주가 그렇게 되어야 하기 때문이다"라는 말로 요약된다. 인간 중심적인 대답에는 강한 형태와 약한 형태가 존재한다. 약한 인간 중심 원리는 공간적 그리고/혹은 시간적으로 크거나 무한한 우주에서는 지적인 생명체의 발전을 위해서 필요한 조건들이 공간적, 시간적으로 한정된 특정한 영역들에서만 충족된다고 말한다. 그러므로 그 특정한 영역들에 있는 지적인 존재들이 우주 속의 그들의 거주지가 그들의 존재를 위해서 필요한 조건들을 충족시키는 데에 놀라지 않는 것은 당연하다. 이는 부유한 마을에 사는 부자가 가난이라는 것을 모르는 것과 마찬가지이다.

어떤 사람들은 훨씬 더 나아가서 강한 형태의 인간 중심 원리를 제안한다. 그들의 이론에 따르면, 다양한 우주들이 존재하거나 단일한 우주의 다양한 영역들이 존재하는데, 각각의 영역은 고유한 초기 조건과 아마도 고유한 과학법칙들을 가질 것이다. 대부분의 우주에서는 복잡한 생명체의 발달을 위한 조건이 충족되지 않을 것이며, 오직 우리의 우주와 같은 소수의 우주에서만 지적인 존재가 발달하여, "왜 우주는 우리가 보는 이런 모습이 되었을까?"라는 질문을 던질 것이다. 그렇다면 대답은 간단하다. 만일 우주가 다른 모습이라면, 우리는 존재하지 않을 것이다!

약한 인간 중심 원리의 타당성이나 유용성에 반기를 들 사람은 거의 없을 것이다. 반면에 관찰된 우주에 대한 설명을 위해서 강한 인간 중심 원리를 제시하는 것에 대해서는 많은 반론을 제기할 수 있다. 한 가지 반론을 예로 들면 다음과 같다. 다양한 우주들이 존재한다고 말하는 것은 무슨 의미인가? 만일 우주들이 여기저기 따로 존재한다면, 다른 우주들에서 일어나는 일은 우리 우주에 대해서 관찰 가능한 영향을 미치지 않을 것이다. 그러므로 우리는 경제성의 원리를 채택하여 다른 우주들을 이론에서 제거해야 할 것이다. 반면에, 다른 우주들이 하나의 우주의 다양한 영역들이라면, 각각의 영역에서의 과학법칙들은 동일해야 할 것이다. 그렇지 않으면, 한 영역에서 다른 영역으로 연속적으로 이동할 수 없을 것이기 때문이다. 그렇다면 영역들 간의 유일한 차이는 초기 조건의 차이일 것이고, 강한 인간 중심 원리는 약한 인간 중심 원리로 환원될 것이다.

인간 중심 원리는 끈이론의 추가 차원들이 둥글게 말려 있는 이유에 대한 질문에 한 가지 가능한 답을 내놓는다. 우리와 같은 복잡한 존재가 발달할 수 있으려면, 두 개의 공간차원으로는 부족해 보인다. 예를 들면, 원(2차원적인 지구의 표면) 위에 사는 2차원적인 생물들은 서로 지나가기 위해서 서로를 타고 넘어가야 할 것이다. 2차원적인 존재는 먹은 음식을 완전히 소화시키지 못하고, 그것을 먹을 때의 상태 그대로 배출해야 할 것이다. 왜냐하면 그 존재의 몸에 몸 전체를 통과하는 소화관이 있다면, 그 존재는 둘로 분리될 것이기 때문이다. 마찬가지로 2차원적인 존재에게는 순환적인 혈관계도 존재하기 어려울 것 같다.

공간차원이 세 개 이상이 되어도 문제가 생긴다. 그 경우 두 물체 간의 중력은 거리가 증가함에 따라서 3차원에서보다 더 빠르게 감소할 것이다(3차원에서는 거리가 두 배가 되면 중력은 4분의 1이 된다. 똑같이 거리가 두 배가 될 때 4차원에서는 중력이 8분의 1이 되고, 5차원에서는 16분의 1이 된다). 그 사실이 중요한 이유는, 그럴 경우 지구처럼 태양을 공전하는 행성들의 궤도가 불안정해지기 때문이다. 원궤도에서 발생하는 아주 작은 요동(다른 행성의 중력에 의해서 발생하는 것과 같은)으로도 지구는 나선을 그리며 태양에서 멀어지거나 태양에 가까워질 것이다. 그러므로 우리는 얼어죽거나 타죽을 것이다. 실제로 중력은 3차원 이상의 차원에서는 거리에 따라서 이와 같이 변하기 때문에 이미 태양은 안정적인 상태로 존재할 수 없다. 중력이 태양 속의 가스 압력과 적절하게 균형을 취할 수 없기 때문이다. 태양은 산산히 흩어지거나 붕괴하여 블랙홀을 형성할 것이다. 어느 쪽이든 태양은 더 이상 지구에 열과 빛을 공급하는 원천이 될 수 없을 것이다. 그리고 작은 규모에서는, 전자들을 원자핵 주위의 궤도에 붙들어두는 전기력이 중력과 같은 방식으로 행동할 것이다. 그러므로 전자들은 원자를 벗어나거나 핵 속으로 빨려들 것이다. 어느 쪽이든 우리가 아는 원자는 더 이상 존재할 수 없을 것이다.

따라서 적어도 우리가 알고 있는 생명은 한 개의 시간차원과 세 개의 공간차원이 작게 감겨 있지 않은 시공 영역들에서만 존재할 수 있음이 분명한 것 같다. 그러므로 만일 끈이론이 우주 속에 그런 영역들이 존재하는 것을 적어도 허용한다는 사실을 증명할 수 있다면 ── 끈이론은 그런 영역들의 존재를 허용하는 것처럼 보인다 ── 약한 인간 중심 원리에 기대어 우주의 모습을 설명할 수 있을 것이다. 우주의 다른 영역 또는 다른 우주(그것이 무엇을 의미하든지 간에)에서는 모든 차원들이 극미한 크기로 감겨져 있거나, 4차원 이상의 차원들이 거의 평평하게 존재할 가능성이 충분히 있다. 그러나 거기에는 지적인 존재가 존재하지 않을 것이다.

차원의 문제말고도 끈이론이 가진 또다른 문제는 최소한 다섯 개의 서로 다른 끈이론들(두 개의 열린 끈이론과 세 개의 닫힌 끈이론)이 존재하고, 끈이론이 예측하는 추가 차원들이 둥글게 말려져 있는 방식이 수백만 가지나 된다는 것이다. 왜 단 하나의 끈이론과 단 하나의 둥글게 말려져 있는 방식만을 선택해야 하는가? 한동안 답이 보이지 않았고, 이론의 발전은 수렁에 빠졌다. 그 후 1994년경부터 사람들은 이중성(duality)이라는 개념을 발견하기 시작했다. 서로 다른 이론들과 추가 차원들이 둥글게 말린 방식들이 4차원에서 동일한 결과를 산출할 수 있다는 것이 밝혀졌다. 더 나아가서 공간상에서 하나의 점을 차지하는 입자나 선을 차지하는 끈뿐만 아니라, 2차원 또는 그 이상을 차지하는 p 브레인(p brane)이라는 다른 대상이 발견되었다(입자는 0 브레인으로, 끈은 1 브레인으로 간주할 수 있다. p는 2에서 9까지의 값을 가질 수 있다. 2 브레인은 2차원 막과 유사한 어떤 것으로 생각될 수 있다. 더 높은 차원의 브레인은 시각화하기 어렵다). 그 모든 발전은 초중력이론과 끈이론과 p 브레인 이론이 (동등한 목소리를 가지고 있다는 의미에서) 일종의 민주적인 관계를 형성하고 있음을 시사하는 듯했다. 그 이론들은 서로 일치하는 듯이 보였고, 어떤 이론도 더 근본적이라고 할 수 없었다. 오히려 그것들 모두가 어떤 더 근본적인 이론의 각기 서로 다른 형태의 근사적인 이론들인 것처럼 보였으며, 각기 다른 상황에서 타당한 것처럼 보였다.

  사람들은 그 근본적인 이론을 찾고 있지만, 아직까지 아무 성과도 거두지 못했다. 어쩌면 괴델이 증명했듯이, 산술을 단일한 공리 체계만으로 공식화할 수 없는 것처럼 근본적인 이론의 단일한 공식화는 존재하지 않을지도 모른다. 진실은 오히려 한 지형에 대해서 다수의 지도들이 있는 것과 유사할지도 모른다.

3차원이라는 사실의 중요성 공간의 차원이 셋 이상이라면, 행성 궤도는 불안정해지고, 따라서 행성들은 태양을 향해서 떨어지거나 태양의 인력을 완전히 벗어날 것이다.

하나의 평면 지도로 지구의 둥근 표면이나 도넛의 표면을 기술할 수는 없다. 각각의 점들을 모두 나타내기 위해서는 지구의 경우에는 최소 두 장, 도넛의 경우에는 최소 네 장의 지도가 필요하다. 각각의 지도는 한정된 영역에서만 유효하며, 서로 다른 지도들에는 중첩되는 영역들이 있을 것이다. 이 지도들을 모으면 표면 전체를 완전하게 묘사할 수 있을 것이다. 마찬가지로 물리학에서도 상황에 따라서 다른 공식을 사용할 필요가 있겠지만, 서로 다른 두 공식은 둘 다 적용될 수 있는 상황에서는 서로 일치할 것이다.

만약 그것이 타당하다면, 서로 다른 공식들을 모두 모은 것을 완전한 통일이론으로 간주할 수도 있을 것이다. 물론 그 통일이론은 공리들의 단일한 집합으로 표현될 수는 없을 것이다. 그러나 그런 통일이론조차도 자연이 허용하는 것 이상일지도 모른다. 통일이론이 존재하지 않을 수도 있을까? 어쩌면 우리가 무지개를 쫓고 있는 것은 아닐까? 다음과 같은 세 가지 가능성이 있을 것 같다.

1. 하나의 완전한 통일이론(혹은 부분적으로 겹치는 공식들의 집합)이 실제로 존재하며, 우리가 충분히 영리하다면, 언젠가 우리는 그 이론을 발견할 것이다.
2. 우주에 대한 궁극적인 이론은 없으며, 단지 우주를 점점 더 정확하게 기술하지만 결코 완벽하게 기술하지는 못하는 이론들의 존재가 무한히 계속될 것이다.
3. 우주에 대한 어떠한 이론도 없다. 사건들은 일정한 범위 이상으로 예측될 수 없으며, 무작위적이고 임의적으로 일어난다.

어떤 사람들은 만일 완벽한 법칙들의 집합이 존재한다면, 신이 마음을 바꾸어 세계에 개입할 자유가 침해될 것이라는 이유로 세번째 가능성을 주장할 것이다. 그러나 신은 전능하므로, 만일 원한다면 자기 자신의 자유도 침해할 수 있지 않을까? 다음과 같은 오래된 역설이 있다. 신은 자신이 들 수 없을 정도로 무거운 돌을 창조할 수 있을까? 사실상 신이 마음을 바꾸기를 원할 수 있다는 생각은, 성 아우구스티누스가 지적했듯이, 신이 시간 속에 존재한다고 상상하는 오류의 한 예이다. 시간은 단지 신이 창조한 우주의 속성이다. 신은 우주 창조에 착수할 때 분명히 자신의 의도를 알고 있었다!

양자역학의 등장으로, 우리는 사건들을 완벽하게 정확하게 예측할 수 없고 언제나 어느 정도의 불확실성이 있음을 알게 되었다. 원한다면 이 무작위성을 신의 간섭으로 돌릴 수도 있을 것이다. 그러나 그것은 매우 이상한 간섭이 될 것이다. 그 간섭이 어떤 목적을 지향하고 있다는 증거가 없으니 말이다. 또한 간섭은 말뜻 그대로 무작위할 수 없을 것이다. 현대에 들어와서 우리는 과학의 목표를 재정의함으로써 앞에서 언급한 세 번째 가능성을 효과적으로 제거했다. 우리의 목표는 불확정성원리에 의해서 설정된 한계 내에서 사건들을 예측할 수 있게 해주는 법칙들의 집합을 공식화하는 것이다.

두 번째 가능성, 즉 점점 더 개량되는 이론들의 계열이 무한히 계속된다는 것은 지금까지의 우리의 모든 경험과 일치한다. 많은 경우에 우리는 측정의 정밀도를 향상시키거나 새로운 종류의 관찰을 함으로써 기존 이론에 의해서 예측되지 않았던 현상들을 발견했고, 그 현상들을 설명하려고 더 발전된 이론을 개발해야 했다. 점점 더 많은 에너지를 가지고 상호작용하는 입자들에 대한 연구를 통해서 우리는 현재 우리가 "기본(elementary)" 입자로 간주하는 쿼크들과 전자들보다 더 기초적인 새로운 구조의 층위를 발견하게 될지도 모른다.

중력은 "상자들 속의 상자들"처럼 계속 발전하는 이론들의 한계일지도 모른다. 이른바 플랑크 에너지(Planck energy) 이상의 에너지를 가진 입자가 있다면, 그 입자는 고도로 압축된 질량으로 인해서 우주의 나머지 부분으로부터 분리되어 작은 블랙홀을 형성할 것이다. 따라서 우리가 더 높은 에너지에 도달함으로써 점점 더 정교해지는 이론들의 계열은 한계에 도달하고, 따라서 우주에 대한 어떤 궁극적인 이론이 있어야 할 것처럼 보인다. 그러나 플랑크 에너지는 현재 우리가 실험실에서 방출할 수 있는 에너지보다 훨씬 더 크다. 가까운 미래에 우리는 입자가속기를 통해서 플랑크 에너지에 도달할 수 없을 것이다. 그러나 초기 우주는 그런 에너지들이 활보하는 무대였다. 초기 우주를 연구함으로써, 그리고 수학적 무모순성(無矛盾性)에 도달함으로써 우리의 생애가 끝나기 전에 우리는 완전한 통일이론에 도달할 가능성이 충분히 있다. 물론 우리가 그 이전에 먼저 우리 자신을 파괴하지 않는다는 전제하에서 말이다.

우리가 정말로 우주에 대한 궁극적인 이론을 발견한다면, 그것은 무엇을 의미할까?

제3장에서 설명했듯이, 우리는 우리가 옳은 이론을 발견했는지 결코 확신할 수 없다. 왜냐하면 과학이론들은 증명될 수 없기 때문이다. 그러나 한 이론이 수학적으로 모순되지 않고 항상 관찰과 일치하는 예측들을 내놓는다면, 우리는 그 이론이 옳다

는 것을 합리적으로 확신할 수 있다. 우주에 대한 궁극적인 이론은 우주를 이해하기 위한 인류의 지적인 노력의 역사 속에서 길고 찬란한 하나의 장을 마무리할 것이다. 그리고 그 이론은 우주를 지배하는 법칙들에 대한 일반인들의 이해를 혁명적으로 변화시킬 것이다.

뉴턴의 시대에는 교양인이라면 인류의 지식 전체를 최소한 대략적으로라도 파악할 수 있었다. 그러나 그 후 급속한 과학의 발전은 그것을 불가능하게 만들었다. 이론들은 항상 새로운 관찰을 설명하기 위해서 변화하므로, 결코 일반인이 이해하기에 적당하게 요약되고 단순화되지 않는다. 오직 전문가만이 과학적 이론들의 작은 일부분이나마 제대로 파악할 수 있다는 희망을 가질 수 있다. 더군다나 그 발전 속도가 너무나 빨라서, 우리가 학교에서 배운 지식은 언제나 약간 시대에 뒤진 것들이 될 수 밖에 없다. 오직 극소수의 사람들만이 급속도로 발전하는 지식의 첨단을 이해할 수 있으며, 그러기 위해서는 그들 역시 모든 시간을 바쳐 작은 영역이나마 전문적으로 연구해야 한다. 나머지 대중들은 현재 이루어지고 있는 과학의 발전과 그 발전의 희열을 거의 알지 못한다. 다른 한편으로, 우리가 에딩턴의 말을 믿어도 좋다면, 70년 전 일반상대성이론을 이해한 사람은 오직 두 명뿐이었다. 그러나 오늘날에는 수만 명의 대학 졸업자들이 일반상대성이론을 이해하고, 수백만 명의 사람들이 최소한 일반상대성이론의 기본 개념에 익숙하다. 만일 완전한 통일이론이 발견된다면, 그 이론이 소화되고 단순화되어 학교에서 최소한 개괄적으로나마 가르치게 되는 것은 시간문제일 것이다. 그렇게 되면 우리 모두가 우주를 지배하고 우리 존재의 원인이 되는 법칙들을 어느 정도 이해할 수 있게 될 것이다.

그러나 우리가 완전한 통일이론을 발견한다고 하더라도, 모든 사건들을 예측할 수 있게 되는 것은 아니다. 그 이유는 두 가지이다. 첫째, 양자역학의 불확정성원리가 우리의 예측 능력에 한계를 부여한다. 우리는 어떤 방법으로도 그 한계를 극복할 수 없다. 그러나 이 첫 번째 한계는 실질적으로 두 번째 한계보다 덜 제약적이다. 두 번째 한계는 우리가 완전한 통일이론의 방정식들을 풀지 못할 것이 거의 확실하다는 사실에서 비롯된다. 우리는 오직 매우 단순한 상황에서만 방정식들을 풀 수 있을 것이다. 이미 말했듯이, 핵과 두 개 이상의 전자로 이루어진 원자에 대한 양자 방정식을 정확하게 풀 수 있는 사람은 없다. 심지어 우리는 뉴턴의 중력이론처럼 단순한 이론에서도 세 물체 운동을 정확하게 풀지 못한다. 물체의 수가 많아지고 이론이 복잡해질수록 어려움은 그만큼 더 커진다. 일반적으로 응용을 위해서는 근사적인 해로 충분하다. 그러나 근사적인 해는 "만물의 통일이론"이라는 구호가 일으키는 거대한 기대에 부합한다고 할 수 없을 것이다.

오늘날 우리는 이미 가장 극단적인 조건을 제외한 모든 조건에서 물질의 행동을 지배하는 법칙들을 알고 있다. 구체적인 예로 우리는 화학과 생물학 전체의 기반을 이루는 기본 법칙들을 안다. 그러나 우리가 그 분야들의 문제를 모두 해결한 것은 분명코 아니다. 또한 우리는 아직까지 인간의 행동을 수학적인 방정식에 의해서 예측하는 데에 거의 한 걸음도 나아가지 못했다! 그러므로 우리가 기본 법칙들의 완전한 집합을 발견한다고 할지라도, 우리는 그 후 수년 동안 더 나은 근사적인 방법들을 개발하여 복잡한 실제 상황에서 일어날 수 있는 개연성이 있는 결과들을 예측하는 과제를 붙들고 노력해야 할 것이다. 완전하고 일관적인 통일이론은 첫 단계일 뿐이다. 우리의 최종 목표는 우리 주위의 사건들과 우리 자신의 존재에 대한 완전한 이해이다.

제12장
결론

 우리는 우리를 어리둥절하게 만드는 세계 속에서 살고 있다. 우리는 우리가 보는 것을 이해하려고 노력하며 이렇게 묻는다. 우주의 본질은 무엇일까? 우주 속에서 우리의 지위는 무엇이며, 우주와 우리는 어디에서 왔을까? 우주는 왜 이런 모습으로 존재할까?

 이 질문들에 대답하려는 노력 속에서 우리는 어떤 세계상을 선택한다. 평평한 지구를 떠받치고 있는 거북들의 두한 탑이 하나의 세계상인 것처럼 초끈이론(theory of superstrings)도 하나의 세계상이다. 두 세계상은 모두 우주에 대한 이론이다. 다만 후자가 전자보다 훨씬 더 수학적이고 정확할 뿐이다. 두 이론은 모두 관찰된 증거를 가지고 있지 않다. 지구를 등에 지고 있는 거대한 거북을 본 사람이 없듯이 초끈을 본 사람도 없다. 그러나 거북 이론을 따르면, 사람들이 세계의 끝에서는 아래로 떨어

거북에서 휘어진 공간으로 고대와 현대의 우주관.

져야 한다고 예측할 수 밖에 없기 때문에 좋은 과학 이론이 되지 못한다. 버뮤다 삼각지대에서 사라진 것으로 추측되는 사람들이 세계의 끝에서 떨어진 것이라는 사실이 증명되지 않는 한, 그 예견은 우리의 경험과 일치하지 않는다.

  우주를 기술하고 설명하는 최초의 이론적 노력들은 사건들과 자연현상들이 인간과 매우 유사하고 예측할 수 없는 방식으로 행동하는 정령(精靈)들에 의해서 지배된다는 생각을 포함하고 있었다. 이 정령들은 강이나 산과 같은 자연계의 대상들 속에 깃들어 있었으며, 태양과 달 같은 천체에도 깃들어 있었다. 사람들은 비옥한 토양과 계절의 순환을 보장받기 위해서 그 정령들의 비위를 맞추고 은총을 빌어야 했다. 그러나 사람들은 점차 어떤 규칙성들이 존재한다는 사실을 발견했을 것이다. 태양신에게 제물을 바치든 바치지 않든, 태양은 항상 동쪽에서 뜨고 서쪽으로 졌다. 더 나아가서 태양과 달과 다른 행성들은 일정한 경로를 따라 움직였고, 그 움직임을 상당히 정확하게 예측할 수 있었다. 그럼에도 태양과 달은 여전히 신들일지도 모른다. 그러나 여호수아를 위해서 태양이 멈추었다는 따위의 성서 이야기들을 곧이곧대로 믿지 않는 한, 그 신들은 분명히 어떤 예외도 없이 엄격한 법칙들을 따르는 신들이었다.

처음에는 그 규칙들과 법칙들이 천문학과 그 밖의 몇 안 되는 다른 상황에서만 분명히 나타났다. 그러나 문명의 발전과 더불어, 특히 지난 300년 동안에 점점 더 많은 규칙들과 법칙들이 발견되었다. 그 법칙들이 현실을 설명하는 데에 성공함으로써 이에 고무되어 19세기 초에 라플라스는 과학적 결정론을 제안했다. 즉 그는 한 시점에서 우주의 상태가 주어지면 임의의 시점에서 우주의 상태를 정확하게 결정하는 법칙들의 집합이 있을 것이라고 주장했다.

라플라스의 결정론은 두 가지 점에서 불완전했다. 그 결정론은 법칙들이 어떻게 결정되는지 말하지 않았고, 우주의 초기 배치 상태도 명확하게 보여주지 않았다. 그 일들은 신에게 맡겨졌다. 우주가 어떻게 시작되고 어떤 법칙들을 따를지는 신에 의해서 결정되지만, 일단 우주가 시작된 후에는 신은 우주에 개입하지 않는다는 것이었다. 결과적으로 신의 자리는 19세기 과학이 이해하지 못하는 영역들로 한정되었다.

오늘날 우리는 결정론에 대한 라플라스의 희망이 최소한 그가 생각한 관점에서는 실현될 수 없음을 안다. 양자역학의 불확정성원리는 입자의 위치와 속도 같은 한 쌍의 양들이 동시에 모두 완전히 정확하게 예측될 수 없다는 것을 함축한다. 양자역학은 이 상황을 일련의 양자이론들을 통해서 다룬다. 그 이론들 속에서 입자들은 잘 정의된 위치와 속도를 가지는 것이 아니라 파동으로 표현된다. 이러한 양자이론들은 시간이 흐름에 따라서 파동이 어떻게 전개될 것인지에 대한 법칙들을 제시한다는 의미에서 결정론적이다. 따라서 우리가 한 시점에서의 파동을 안다면 임의의 다른 시점에서의 파동들을 계산할 수 있다. 예측 불가능하고 임의적인 요소는 우리가 파동을 입자들의 위치와 속도로 해석하려고 할 때에만 등장한다. 그러나 그런 해석은 우리의 오류일지도 모른다. 애초에 입자의 위치와 속도는 존재하지 않고, 오직 파동만이 존재하는지도 모른다. 다만 우리가 파동을 입자의 위치와 속도에 대한 우리의 선입견에 짜맞추려고 한 것일 뿐이며, 그 결과로 일어나는 불일치가 외견상의 예측 불가능성의 원인인지도 모른다.

결과적으로 우리는 과학의 과제를 불확정성원리가 부여한 한계 내에서 사건들을 예측할 수 있는 법칙들을 발견하는 것으로 재정의했다. 그러나 다음과 같은 질문은 여전히 남아 있다. 우주의 법칙들과 초기 상태는 어떻게 선택되었고, 왜 그렇게 선택되었는가?

이 책은 특히 중력을 지배하는 법칙들을 중점적으로 다루었다. 왜냐하면 중력은 힘의 네 가지 범주 중에서 가장 약함에도 불구하고 우주의 거시 규모 구조를 형성하는 힘이기 때문이다. 중력법칙들은 우주가 시간이 흘러도 변하지 않는다는 비교적 최근까지 믿어왔던 견해와 양립될 수 없었다. 중력이 항상 인력으로 작용한다는 사실은 우주가 팽창하거나 수축해야 함을 의미한다. 일반상대성이론에 따르면, 우주는 과거에 무한대의 밀도 상태, 즉 빅뱅이 있었음이 분명하다. 빅뱅은 사실상 시간의 출발점이었다. 마찬가지로 우주 전체가 재수축한다면, 우주의 미래에 또 하나의 무한대의 밀도 상태, 즉 빅크런치(big crunch)가 있어야 한다. 그것은 시간의 끝이 될 것이다. 설사 우주 전체가 재수축하지 않는다고 할지라도, 붕괴하여 블랙홀을 형성하는 국부 영역들에는 특이점들이 존재할 것이다. 블랙홀로 떨어지는 사람에게는 그 특이점들이 시간의 끝이 될 것이다. 빅뱅을 비롯하여 그 밖의 특이점들에서 모든 법칙들은 무력해질 것이다. 따라서 신은 여전히 우주의 시작과 사건들의 발생을 선택할 수 있는 완전한 자유를 가질 것이다.

    양자역학과 일반상대성이론을 통합하면, 과거에는 없었던 새로운 가능성이 열릴 것이다. 즉 시간과 공간이 함께 특이점이나 경계가 없는 유한한 4차원 공간을 형성할 수 있을지도 모른다는 가능성이 그것이다. 그 공간은 차원이 더 많을 뿐, 지구의 표면과 유사할 것이다. 이러한 생각은 우주의 거시 규모의 균질성은 물론 은하계와 별, 심지어 인간과 같은 더 작은 규모에서 나타나는 비균질성과 같은 우주의 많은 관찰된 모습들을 설명해줄 수 있을 것이다. 그러나 완전히 자기충족적이고 특이점과 경계가 없는 우주가 통일이론으로 완전하게 기술된다면, 그것은 창조자로서의 신의 역할과 관련해서 근본적인 의미를 가질 것이다.

아인슈타인은 이렇게 물었다. "우주를 창조할 때 신은 얼마나 많은 것을 선택할 수 있었을까?" 우주에 경계가 없다는 제안이 참이라면, 신은 초기 조건을 선택할 자유를 전혀 가지지 못했을 것이다. 물론 여전히 신은 우주가 따라야 할 법칙들을 선택할 자유를 가졌을 것이다. 그러나 그것은 사실상 그렇게 중요한 선택이라고 할 수 없을지도 모른다. 우주의 법칙들을 탐구하고 신의 본질에 대해서 질문할 수 있는 인간처럼 복잡한 생명체의 존재를 허락하는, 끈이론과 같은 완전한 통일이론은 아마도 오직 하나이거나 소수일 것이다.

오직 하나의 통일이론이 존재한다고 할지라도, 그 이론은 규칙들과 방정식들의 집합일 뿐이다. 방정식들에 생기를 불어넣어 방정식들이 기술하는 우주를 만든 것은 무엇일까? 수학적 모형을 구성하는 통상적인 과학의 접근 방법으로는 그러한 모형이 기술하는 우주가 왜 존재해야 하는가라는 질문에 대답할 수 없다. 우주가 굳이 존재해야 하는 이유는 무엇일까? 통일이론은 자신의 존재를 관철시킬 만큼 강력한 이론일까? 혹은 통일이론은 창조자를 필요로 할까? 만일 그렇다면 창조자는 우주에 다른 영향도 미칠까? 그리고 창조자는 누가 창조했을까?

오늘날에 이르기까지 대부분의 과학자들은 우주가 무엇인가를 기술하는 새로운 이론들을 발견하는 데에 몰두한 나머지 우주가 왜 존재하는가라는 질문을 제기하지 못했다. 다른 한편 왜라고 묻는 일을 직업으로 하는 철학자들은 과학이론들의 발전을 따라잡을 수가 없었다. 18세기에 철학자들은 과학을 포함한 인류의 모든 지식을 자신들의 연구 분야라고 생각했고, 우주에 시작이 있었을까 하는 따위의 문제들을 논했다. 그러나 19세기와 20세기에 과학은 극소수의 전문가들을 제외하고는 철학자들이나 그 밖의 모든 사람들에게 너무나 전문적이고 수학적인 것이 되어버렸다. 철학자들은 연구 영역을 크게 줄였다. 20세기의 가장 유명한 철학자 비트겐슈타인은 이렇게 말했다. "철학에 남겨진 유일한 과제는 언어분석이다." 그들의 연구 분야는 이 정도로 축소되었던 것이다. 아리스토텔레스에서 칸트에 이르는 위대한 철학의 전통을 생각하면, 이 얼마나 치명적인 몰락인가!

그러나 우리가 완전한 이론을 발견한다면, 머지않아 모든 사람들이 그 이론의 대략적인 원리를 이해할 수 있을 것이다. 그렇게 되면 철학자들과 과학자들과 일반인들 모두가 우리와 우주가 왜 존재하는지에 대한 토론에 참여할 수 있게 될 것이다. 만일 우리가 그 질문에 대한 답을 발견한다면, 그것은 인간 지성의 궁극적인 승리가 될 것이다 —— 왜냐하면 그때 우리는 신의 마음을 알게 될 것이기 때문이다.

알베르트 아인슈타인

아인슈타인이 원자폭탄 개발정책에 관여한 것은 잘 알려진 사실이다. 그는 루스벨트 대통령에게 원자폭탄의 개발을 진지하게 고려해야 한다고 촉구하는 유명한 편지에 서명했고, 전후에는 핵전쟁을 막기 위한 운동에도 참여했다. 그러나 그것은 정치세계에 우연히 끌려들어간 한 과학자의 일회적인 행동이 아니었다. 실제로 아인슈타인의 삶은 그 자신의 표현대로 "정치와 방정식으로 양분되어 있었다."

아인슈타인의 첫 번째 정치적인 행동은 그가 베틀린 대학교의 교수로 재직하던 제1차 세계대전 중에 시작되었다. 인간의 생명을 허비하는 것이라고 생각되는 일에 염증을 느낀 아인슈타인은 반전시위에 참여했다. 시민 불복종을 지지하고 징병 거부 대중을 공개적으로 독려하는 그의 행동에 동료들은 호감을 가지지 못했다. 그 후 전쟁이 끝나자 그는 화해와 국제관계의 개선을 위해서 노력했다. 이런 활동 역시 많은 사람들의 불만을 샀고, 그는 정치적인 이유 때문에 강연차 미국을 방문하는 것조차도 어렵게 되었다.

아인슈타인의 두 번째 대의(大義)는 시오니즘이었다. 혈통적으로 유대인이었음에도 불구하고, 그는 성서에서 말하는 신의 개념을 거부했다. 그러나 제1차 세계대전 이전과 그 전쟁 와중에 점점 더 반유대주의가 커져가는 것을 의식하게 되면서 그는 점차 자신을 유대인 공동체와 동일시하게 되었고, 훗날 시오니즘의 적극적인 지지자가 되었다. 이번에도 역시 주변의 호응을 얻지 못했지만, 그는 자신의 소신을 굽히지 않았다. 그의 이론들은 공격을 받았고, 심지어 반(反)아인슈타인 조직이 결성되었다. 어떤 사람은 아인슈타인의 살해를 선동한 혐의로 유죄를 선고받았다(그는 겨우 6달러의 벌금형을 받았다). 그러나 아인슈타인은 냉정하게 대처했다. 『아인슈타인에 반대하는 100명의 저자들』이라는 제목의 책이 출간되었을 때, 그는 "만약 내가 틀렸다면, 한 명의 저자로도 충분했겠지!"라는 말로 응수했다.

1933년 히틀러가 집권했을 때 아인슈타인은 미국에 있었고, 독일로 돌아가지 않겠다고 선언했다. 그 후 나치가 그의 집을 수색하고 은행 예금을 몰수하자, 베를린의 한 신문은 다음과 같은 표제의 기사를 실었다. "아인슈타인에게서 온 좋은 소식 —— 그는 돌아오지 않는다." 나치의 위협에 직면하자, 아인슈타인은 평화주의를 포기했으며, 마침내 독일 과학자들의 원자폭탄 제작을 우려하여 미국이 자체적으로 원자폭탄 제조에 나서야 한다고 주장했다. 그러나 원자폭탄이 처음으로 투하되기도 전에 그는 공개적으로 핵전쟁의 위험을 경고하고, 핵무기를 국제적으로 관리할 것을 주장했다.

평화를 위한 아인슈타인의 일생 동안의 노력은 장기적인 성과를 거두지 못했다고 할 수 있을지 모른다 —— 그리고 그는 거의 동지를 얻지 못했다. 그러나 시오니즘의 대의에 대한 그의 분명한 지지는 적절한 인정을 받게 되어 1952년에 아인슈타인은 이스라엘 대통령직에 대한 제의를 받게 되었다. 아인슈타인은 자신이 정치에 너무 경험이 없다고 생각한다면서 그 제의를 거절했다. 그러나 거절의 실제 이유는 아마도 달랐을 것이다. 그는 이렇게 말한 바 있다. "내게는 방정식들이 더 중요하다. 왜냐하면 정치는 현재를 위한 것이지만, 방정식은 영원을 위한 것이기 때문이다."

갈릴레오 갈릴레이

아마도 갈릴레오만큼 근대 과학의 탄생에 큰 기여를 한 사람은 없을 것이다. 가톨릭 교회와의 유명한 갈등은 그의 철학에서 핵심적인 의미를 가진다. 왜냐하면 그는 세계가 어떻게 움직이는가를 인간이 이해할 수 있다는 희망을 가졌으며, 더 나아가서 우리가 실제 세계를 관찰함으로써 그러한 이해에 도달할 수 있다고 주장한 최초의 사람이었기 때문이다. 갈릴레오는 일찍부터 코페르니쿠스의 이론(행성들이 태양을 돈다는 이론)을 믿었지만, 거기에 필요한 증거를 발견한 후에야 비로소 공개적으로 지지하게 되었다. 그는 코페르니쿠스의 이론에 관한 글을 (통상적 학문 언어인 라틴어가 아닌) 이탈리아어로 썼고, 그의 견해는 곧 대학 강단 밖에서 폭넓은 지지를 얻었다. 이에 분노한 아리스토텔레스 학파 교수들은 갈릴레오에게 대항하기로 뜻을 모으고 교회를 설득하여 코페르니쿠스의 이론을 금지시키려고 노력했다.

이 사태를 염려한 갈릴레오는 교회 당국과 직접 대화하기 위해서 로마로 갔다. 그는 성서가 우리에게 과학이론을 전하기 위해서 마련된 것이 아니며, 성서의 내용이 상식과 상반될 때에는 그것을 우화적인 것이라고 생각하는 것이 상례라고 주장했다.

그러나 가톨릭 교회는 신교와의 싸움을 위태롭게 만들 수 있는 스캔들을 두려워하여 강압책을 채택했다. 1616년 교회는 코페르니쿠스의 이론이 "부정확하며 오류"라고 선언했고, 갈릴레오에게 다시는 그 이론을 "변호하거나 주장하지 말라"고 명령했다. 갈릴레오는 묵묵히 그 명령을 받아들였다.

1623년 갈릴레오의 오랜 친구가 교황(우르바누스 8세)이 되었다. 갈릴레오는 즉시 1616년의 명령을 무효화하려고 노력했다. 그의 노력은 실패했지만, 다음과 같은 두 가지 조건을 지킨다는 전제하에서 아리스토텔레스와 코페르니쿠스의 이론을 논하는 책을 집필해도 좋다는 허락을 간신히 받아낼 수 있었다. 그 조건이란 어느 편을 들어서도 안 된다는 것과, 신은 신의 전능함을 제한할 수 없는 인간이 상상할 수 없는 여러 가지 방법으로 동일한 결과를 얻을 수 있으므로, 인간은 어떤 경우에도 세계의 운행방식에 관해서 판단할 수 없다는 결론을 내려야 한다는 것이었다.

『두 개의 주된 세계체계에 관한 대화』라고 명명된 그 책은 검열을 완전히 통과하여 1632년에 출간되었고, 즉시 유럽 전체에서 문학적, 철학적 걸작으로 환영받았다. 사람들이 그 책을 코페르니쿠스의 이론을 위한 설득력 있는 논증으로 생각한다는 것을 깨달은 교황은 곧 그 책의 출간을 허락한 것을 후회했다. 그 책이 검열관들의 공식적인 축복을 받았음에도 불구하고, 교황은 갈릴레오가 1616년 포고를 위반했다고 주장했다. 그는 갈릴레오를 종교재판에 회부하여 종신 가택연금을 선고하고, 공개적으로 코페르니쿠스의 이론을 부인할 것을 명령했다. 이번에도 갈릴레오는 묵묵히 명령을 받아들였다.

갈릴레오는 가톨릭 신앙을 충실히 유지했지만, 과학의 독립성에 대한 믿음을 버리지 않았다. 세상을 떠나기 4년 전인 1642년 그가 여전히 가택연금 상태에 있을 때, 그의 두 번째 주요 저작의 원고가 몰래 네덜란드의 한 출판업자에게 전달되었다. 『두 개의 새 과학에 관한 논의와 수학적 논증』이라고 명명된 그 책은 코페르니쿠스에 대한 그의 지지 이상이었고, 근대 과학의 기원이 되었다.

아이작 뉴턴

아이작 뉴턴은 호감이 가는 인물이 아니었다. 그와 다른 학자들의 관계는 악명이 높았다. 그의 만년의 대부분은 격렬한 논쟁들로 얼룩졌다. 『프린키피아』 — 가장 영향력이 큰 물리학 책임에 분명하다 — 가 출간된 후 뉴턴은 곧바로 유명인사가 되었다. 그는 왕립학회 회장이 되었고, 과학자로서는 최초로 작위를 받았다.

뉴턴은 곧 왕립 천문대장 존 플램스테드와 충돌했다. 예전에 그는 『프린키피아』를 위해서 필요한 자료들을 뉴턴에게 제공했으나, 이제는 뉴턴이 원하는 정보들을 제공하는 것을 거부했다. 뉴턴은 그의 거부 의사를 받아들이지 않았다. 그는 자신을 왕립 천문대의 이사로 임명하여 자료를 즉시 공개하도록 만들기 위해서 노력했다. 결국 뉴턴은 플램스테드의 업무를 중단시키고, 플램스테드의 숙적인 에드먼드 핼리에게 플램스테드의 자료를 출간할 준비를 하도록 만드는 데에 성공했다. 플램스테드는 법정에 호소했고, 도둑맞은 그의 자료가 공개되는 것을 막는 판결을 아슬아슬한 시점에서 받아냈다. 분노한 뉴턴은 이후에 나온 『프린키피아』에서 플램스테드에 대한 모든 언급을 의도적으로 삭제함으로써 그에게 복수했다.

  더 심각한 논쟁은 독일의 철학자 고트프리트 라이프니츠를 상대로 하여 벌어졌다. 라이프니츠와 뉴턴은 각기 독자적으로 대부분의 근대 물리학에서 기초가 되는 미적분학이라는 수학 분야를 개발했다. 오늘날 우리는 뉴턴이 라이프니츠보다 몇 년 먼저 미적분학을 발견했다는 것을 안다. 그러나 뉴턴은 라이프니츠보다 자신의 연구 결과를 훨씬 더 나중에 발표했다. 논쟁의 주요 쟁점은 누가 미적분학의 최초 발견자인가 하는 것이었고, 많은 과학자들이 열성적으로 양편에 가담했다. 그런데 한 가지 주목할 만한 사실은, 뉴턴을 옹호하는 대부분의 글들이 원래 뉴턴 자신에 의해서 쓰여져 친구들의 이름으로 발표되었다는 것이다! 논쟁이 확대되자 라이프니츠는 어리석게도 왕립학회에 판정을 내려줄 것을 호소했다. 뉴턴은 왕립학회 회장으로서 "공정한" 조사위원회를 선정했고, 우연하게도 위원회는 전부 그의 친구들로 이루어졌다! 그뿐만이 아니었다. 뉴턴은 위원회의 보고서를 직접 작성하여 왕립학회 이름으로 발간하도록 했고, 라이프니츠가 자신의 연구를 표절했다고 공식적으로 고발했다. 그것으로도 만족하지 못한 뉴턴은 왕립학회의 정기간행물에 위원회의 보고서에 대한 비평을 익명으로 발표했다. 전하는 말에 따르면, 라이프니츠가 죽었을 때 뉴턴은 자신이 "라이프니츠를 비탄에 잠기게 한 것"에 크게 만족스러워했었다고 고백했다고 한다.

  언급한 두 논쟁이 있던 시기에 뉴턴은 이미 케임브리지 대학교에서 떠났고 또한 학자로서의 삶에서 벗어나 있었다. 그는 케임브리지에서 반(反)가톨릭 정치활동에 참여했으며, 나중에는 의회에서 같은 활동을 했다. 뉴턴은 결국 그 활동에 대한 보상으로 막대한 수입이 보장되는 왕립 조폐국 국장의 자리에 올랐다. 그 직위에서 그의 신랄하고 교활한 재능은 보다 사회적으로 용인될 수 있는 방식으로 발휘되었고, 성공적으로 화폐 위조에 맞서 싸웠으며, 심지어 몇 사람을 교수형에 처하기까지 했다.

용어 설명

가상입자(virtual particle) : 양자역학에서 직접 탐지할 수는 없지만, 측정 가능한 효과들로 그 존재를 탐지할 수 있는 입자.

가속도(acceleration) : 물체의 속도가 변하는 비율.

감마선(gamma rays) : 매우 짧은 파장의 전자기파로 방사능 붕괴가 일어날 때, 혹은 기본입자들이 충돌할 때 방출된다.

강한 핵력(strong force) : 네 가지 기본 힘 중 가장 강하고 작용 거리가 가장 짧은 힘. 양성자와 중성자 속의 쿼크들을 결합시키고 양성자와 중성자를 하나로 결합시켜 원자핵을 이루게 한다.

공간 차원(spatial demension) : 공간상의 3차원, 곧 시간 차원을 제외한 차원.

광자(photon)' : 빛의 양자.

광초(light-second), 광년(light-year) : 빛이 1초 동안, 1년 동안 이동하는 거리.

기본입자(elementary particle) : 더 이상 나눌 수 없다고 생각되는 입자. 소립자(小粒子)라고도 한다.

끈이론(string theory) : 입자를 끈의 파동으로 기술하는 물리학 이론. 끈은 길이를 가지지만, 다른 차원은 가지지 않는다.

대통일이론(GUT : grand unified theory) : 전자기력과 강한 핵력과 약한 핵력을 통일하는 이론.

레이더(radar) : 전파 펄스를 사용해서 물체의 위치를 탐지하는 장치. 하나의 펄스가 물체에 도달하여 반사되어 돌아오는 데에 걸리는 시간을 측정함으로써 물체의 위치를 탐지한다.

마이크로 파 배경복사(microwave background radiation) : 고온의 초기 우주가 방출한 복사파로 이것이 빛으로서 보이지 않고 마이크로 파 (파장이 수 센티미터인 전파)가 되는 것은 우주팽창에 의해서 빛이 적색편이되었기 때문이다. 우주의 모든 방향에서 오고 있다.

무게(weight) : 중력장에 의해서 어떤 물체에 가해지는 힘. 질량에 비례하지만, 질량과 동일하지는 않다.

무경계 조건(no-boundary condition) : 우주는 유한하지만, 경계를 가지지 않는다는 생각.

반입자(antiparticle) : 각각의 물질입자는 대응하는 반입자를 가진다. 입자와 반입자가 충돌하면, 에너지만 남고 둘 다 소멸한다.

방사능(radioactivity) : 원자핵이 자발적으로 붕괴하여 다른 원자핵이 될 때 방사선을 방출하는 것.

방사능 붕괴(nuclear fusion) : 한 종류의 원자핵이 다른 종류의 원자핵으로 자발적으로 붕괴하는 것.

불확정성 원리(uncertainty principle) : 하이젠베르크가 정식화한 원리로 입자의 위치와 속도를 동시에 정확히 알 수 없다는 이론. 위치와 속도 중 하나를 더 정확히 알면 알수록 다른 하나를 더 부정확하게 알게 된다.

블랙홀(black hole) : 중력이 매우 강해서 빛도 그 무엇도 빠져나올 수 없는 시공의 영역.

비례(proportional) : 'X가 Y에 비례한다'는 말은 Y에 어떤 수가 곱해지면, X도 그렇게 된다는 것을 의미한다. 'X가 Y에 반비례한다'는 말은 Y에 어떤 수가 곱해지면, X는 그 수로 나누어진다는 것을 의미한다.

빅뱅(big bang) : 우주가 탄생한 시점의 특이점(singularity).

빅크런치(big crunch, 대수축) : 우주가 끝나는 시점의 특이점.

사건(event) : 시간과 위치에 의해서 확정되는 시공상의 한 점.

사건지평(event horizon) : 블랙홀의 경계.

스펙트럼(spectrum) : 하나의 파동을 구성하는 여러 진동수의 파동들. 태양의 스펙트럼 중 가시적인 부분은 무지개에서 볼 수 있다.

시공(space-time) : 4차원 공간으로, 그 안에 있는 점들은 사건들을 의미한다.

아인슈타인-로젠 다리(Einstein-Roen bridge) : 두 개의 블랙홀을 잇는 시공상의 가는 관. "웜홀" 참조.

암흑물질(dark matter) : 은하계들과 성단들 속에, 그리고 어쩌면 성단들 사이에도 있는 것 같으며, 직접 관찰할 수는 없지만 중력적 효과를 통해서 탐지할 수 있는 물질. 우주 전체 질량의 90퍼센트가 암흑물질의 형태로 존재하는 듯하다.

약한 핵력(weak force) : 네 개의 기본적인 힘 중 두 번째로 약하며, 작용 거리가 매우 짧은 힘. 모든 물질입자들에게 영향을 미치지만, 힘-운반 입자들에게는 영향을 미치지 않는다.

양성자(proton) : 양의 전하를 띠며 중성자와 매우 유사한 입자. 원자핵을 이루는 입자들 중 대략 절반을 차지한다.

양자역학(quantum mechenics) : 플랑크의 양자 원리와 하이젠베르크의 불확정성 원리로부터 발전된 이론.

양전자(positron) : 전자의 (양으로 대전된) 반입자.

우주론(cosmology) : 우주 전체에 대한 연구.

우주상수(cosmological constant) : 시공에 내재적 팽창 효과를 부여하기 위해서 아인슈타인이 이용한 수학적 수단.

원자(atom) : 일반 물질(ordinary matter)의 기초 단위로 극미한 크기의 원자핵(양성자와 중성자로 이루어진다)과 그 주위를 도는 전자들로 이루어진다.

웜홀(wormhole, 벌레구멍) : 우주의 먼 영역들을 서로 연결하는 시공상의 가는 관. 웜홀은 평행 우주나 아기 우주로 통하는 통로가 될 수도 있으며, 시간여행의 가능성을 제공한다.

위상(phase) : 파동이 진동할 때에 그 1주기 중에서 어떤 위치에 있는지를 표시하는 양. 파동이 마루나 골에 있는지, 혹은 그 사이에 있는지를 말해주는 지표.

이중성(duality) : 외견상으로는 달리 보이지만, 같은 물리학적 결과를 도출하는 이론들 사이의 대응관계.

인간 중심 원리(anthropic principle) : 우주가 우리가 보는 현재의 모습으로 존재하는 이유는, 만일 그렇지 않았다면, 우리가 지금 여기에서 우주를 관찰할 수 없었을 것이기 때문이라고 설명하는 입장.

일반상대성이론(general relativity) : 과학법칙이 관찰자가 어떻게 움직이는지와 상관없이 모든 관찰자에게 동일해야 한다는 생각에 기초한 아인슈타인의 이론. 중력을 4차원 시공의 곡률로 설명한다.

입자가속기(particle accelerator) : 전자석을 이용하여 전하를 띤 움직이는 입자들에 더 많은 에너지를 주어서 가속시킬 수 있는 장치.

자기장(magnetic field) : 자기력(meganetic force)을 일으키는 장으로 오늘날에는 전기장(electric field)과 결합하여 전자기장(electromagmetic field)으로 통합되었다.

장(field) : 한 시점에 오직 한 점에서만 존재하는 입자와 달리 시간과 공간 전체에 존재하는 어떤 것.

적색편이(red shift) : 우리로부터 멀어지는 별의 빛이 도플러 효과 때문에 붉게 변하는 것.

전기약력 통일 에너지(electroweak unification energy) : 약 100기가 전자 볼트의 에너지이며, 이보다 더 큰 에너지에서는 전자기력과 약한 핵력의 구분이 사라진다.

전자(electoron) : 음의 전하를 띠며 원자핵 주위를 도는 입자.

전자기력(electromagnetic force) : 전하를 가진 입자들 사이에서 작용하는 힘. 네 개의 기본적인 힘 가운데 두 번째로 강하다.

전하(electronic charge) : 입자가 띠는 성질로, 같은(또는 다른) 부호의 전하를 가진 다른 입자들을 밀어낸다(또는 끌어당긴다).

절대 0도(absolute zero) : 가능한 최저 온도. 이 온도에서 물질들은 열에너지를 전혀 보유하지 않는다.

좌표(coordinates) : 공간과 시간에서 한 점의 위치를 나타내는 수들.

중성미자(neutrino) : 약한 핵력과 중력의 영향만을 받는 극도로 가벼운 (질량이 없을지도 모르는) 입자.

중성자(neutron) : 양성자와 매우 유사하며 전하를 띠지 않은 입자로 원자핵을 구성하는 입자들의 대략 절반을 차지한다.

중성자 별(neutron star) : 중성자들 간의 배타 원리에 의한 척력으로 유지되는 차가운 별.

진동수(frequency) : 파동에서 초당 완결되는 주기의 수.

질량(mass) : 한 물체 속에 있는 물질의 양으로 그 물체의 관성 혹은 가속에 대한 저항을 의미한다.

측지선(geodesic) : 두 점 간의 최단(혹은 최장) 경로.

쿼크(quark) : 강한 핵력을 느끼는 (전하를 띤) 기본입자. 양성자와 중성자는 각각 3개의 쿼크로 이루어진다.

특수상대성이론(special relativity) : 중력 현상이 없을 때 관찰자가 어떻게 움직이는지에 상관없이 모든 관찰자에게 과학법칙이 동일해야 한다는 생각에 기초한 아인슈타인의 이론.

특이점(singularity) : 시공의 곡률(또는 어떤 다른 물리량)이 무한대가 되는 점.

파동/입자 이중성(wave/partide duality) : 파동과 입자는 구분되지 않는다는 양자역학의 개념. 입자는 때로 파동처럼 행동하고, 파동은 때로 입자처럼 행동한다.

파장(wavelength) : 파동에서 인접한 마루와 마루 사이의 거리나 골과 골 사이의 거리.

플랑크의 양자 원리(Planck's quantum principle) : 빛(또는 기타 고전적인 파동들)이 불연속적인 양자로만 방출되거나 흡수될 수 있다는 원리. 양자의 에너지는 빛의 진동수에 비례하고, 파장에 반비례한다.

(원자)핵(nucleus) : 원자의 중심에 있는 부분으로 강한 핵력에 의해서 결합된 양성자와 중성자로만 이루어진다.

핵융합(nuclear fusion) : 두 원자핵이 충돌해서 융합하여 더 무거운 단일한 원자핵을 형성하는 과정.

역자 후기

이 책 *A Briefer History of Time*은 스티븐 호킹의 명저이자 세계적 베스트셀러인 *A Brief History of Time*을 문자 그대로 더욱 간략하게 정리한 것이다. 그러나 이전의 책 내용을 단지 간략하게 정리한 것만이 아니라 너무 전문적인 내용은 삭제한 대신에 보다 친절한 설명을 더함으로써 더욱 단아한 내용이 되었다. 특히 독자들의 이해를 위해서 동원된 이 책의 일러스트레이션들은 *The Illustrated A Brief History of Time*(『그림으로 보는 시간의 역사』, 1998, 까치글방)의 일러스트레이션들과는 전혀 별개의 것이다.

자연과학 책을 번역하는 사람이라면 누구나 보람을 느낄 스티븐 호킹의 이 책을 번역하면서 내가 누린 두 배의 기쁨은 이 책의 공동저자 믈라디노프가 내게 낯선 사람이 아니라는 것이었다. 나는 그의 책 『유클리드의 창』을 아주 즐겁게 번역했던 것을 기억한다. 호킹과 믈로디노프가 어떻게 만나게 되었는지에 대해서는 아는 바가 없다. 어쨌든 호킹은 아주 훌륭한 공동저자를 선택했다고 나는 판단한다.

이 책의 주요 내용은 우주과학과 물리학의 통일이른이다. 우주과학은 아마도 일반인들의 관심이 가장 큰 과학 분야 중 하나일 것이다. 내가 중학생 시절에 만난 어느 '물상' 선생님은 태양계를 표현한 그림을 보고 있으면 마치 도인이라도 된 듯이 마음이 넓어진다고 말하곤 했다. 사실 나도 그런 느낌을 받는다. 우리는 어디에서 와서 어디로 가는가? 라는 질문은 우리 모두를 얼마나 서늘하게 만드는가! 빅뱅, 빅크런치, 블랙홀, 초신성, 웜홀, 생명의 탄생 등은 우리 모두를 얼마나 아슬아슬한 경이로움의 세계로 이끄는가! 물리학을 완성시키는 통일이론은 흔히 예수가 남겼다는 성스러운 잔(성배)에 비유된다. 그렇게 성스러울 정도로 귀하고 찾기 어렵다는 의미일 것이다. 이 간략한 책에서 독자는 그 성배에 대해 충분한 지식을 얻을 수는 없을 것이다. 그러나 그 성배의 윤곽이라도 보는 것은 대단히 의미 있는 일임에 분명하다. 머지않아 누군가가 이 책이 양자중력이론이라고 부르는 그 성배를 찾게 될지도 모른다. 그때 우리가 함께 기뻐하려면, 그 이론에 대해서 조금이라도 알고 있어야 할 것이다. 다시 말해서, 물리학계의 슈퍼스타 호킹과 명민한 과학저술가 믈로디노프가 쓴 이 책은 우리의 시야를 넓혀 그런 기쁨을 준비해줄 수 있을 것이다.

 생뚱맞을지도 모르지만, "진리가 너희를 자유케 하리라"는 예수의 말을 떠올려 본다. 어쩐지 살아있는 사람들에게는 어울리지 않는 말인 듯싶다. 오히려 "진리를 찾는 노력" 속에서 우리가 자유로운 것이 아닐까, 하는 생각이 든다. 성공과 실패를 떠나서, 얼마나 이해했는지를 떠나서, 우리가 진리를 찾으려고 노력한다는 사실이, 이런 책을 쥐고 자유롭게 상상하며 읽는다는 사실이 우리의 희망일 것이다.

인명 색인

가모브 Gamow, George 91-92, 107-108
갈릴레이 Galilei, Galileo 35-36, 39-40, 207-209
괴델 Gödel, Kurt 152-153
구스 Guth, Alan 108
그린 Green, Mike 182
글래쇼 Glashow, Sheldon 173

뉴턴 경 Newton, Sir Isaac 23-24, 28-29, 36-37, 39-41, 43, 50, 59, 65, 87, 114, 125-126, 132-133, 193-194, 210, 212

다윈 Darwin, Charles 33
데모크리토스 Democritos 103
디랙 Dirac, Paul 132, 169
디키 Dicke, Bob 91-92

라이프니츠 Leibniz, Gottfried 211
라플라스 후작 Laplace, Marquis Pierre Simon de 113, 125-126, 129, 132, 199
로렌츠 Lorentz, Hendrik 53

로젠 Roson, Nathan 158
뢰머 Roemer, Ole Christensen 45, 47, 112
루스벨트 Roosevelt, Franklin D. 204

마이컬슨 Michelson, Albert 52, 54
맥스웰 Maxwell, James Clerk 47-50, 53-54, 59, 173
몰리 Morley, Edward 52, 54
미첼 Michell, John 112-113

버클리 주교 Berkeley, Bishop George 42
베테 Bethe, Hans 107-108
보른 Born, Max 169
보어 Bohr, Niels 141-142
비트겐슈타인 Wittgenstein, Ludwig 203

셔크 Scherk, Joel 181
살람 Salam, Abdus 173
슈뢰딩거 Schrödinger, Erwin 132
슈워츠 Schwarz, John 181-182
스필버그 Spielberg, Steven 165

아리스토텔레스 Aristoteles 17-19, 22, 27, 35, 39-41, 43, 103, 203, 207-208
성(聖)아우구스티누스 Augustinus, Saint 191
아인슈타인 Einstein, Albert 29, 53, 57, 59, 65, 68-71, 87-88, 114, 145-146, 152, 158, 168, 202, 204-206
앨퍼 Alpher, Ralph 107-108
에딩턴 경 Eddington, Sir Arthur Stanley 193
엠페도클레스 Empedocles 27
오펜하이머 Oppenheimer, Robert 114
와인버그 Weinberg, Steven 173
워커 Walker, Arthur 93
웰스 Wells, H. G. 150
윌슨 Wilson, Robert 90-92, 98

존슨 박사 Johnson, Dr. Samuel 42

칸트 Kant, Immanuel 203
캐번디시 Cavendish, Henry 48
케플러 Kepler, Johannes 22-24
코페르니쿠스 Copernicus, Nicolaus 22-23, 207-209
쿨롱 Coulomb, Charles-Augustin de 48
키르히호프 Kirchhoff, Gustav 82

파인먼 Feynman, Richard 143, 146, 159-160, 165
펜지어스 Penzias, Arno 90-92, 98
포퍼 Popper, Karl 28
푸앵카레 Poincaré, Henri 53
프리드만 Friedmann, Alexander 88-96, 98
프톨레마이오스 Ptolemaios 20-24
플랑크 Planck, Max 128-130, 136
플램스테드 Flamsteed, John 210

하이젠베르크 Heisenberg, Werner 129, 131-132, 136
핼리 Halley, Edmond 210
허블 Hubble, Edwin 86, 89, 93
허셜 경 Herschel, Sir William 79
휠러 Wheeler, John 111